A. U. Mirzaeva
C. X. Umrkulova
D.F. Akramova

As carraças Ixoid são ectoparasitas de animais no Uzbequistão

A. U. Mirzaeva
C. X. Umrkulova
D.F. Akramova

As carraças Ixoid são ectoparasitas de animais no Uzbequistão

ScienciaScripts

ACADEMIA DE CIÊNCIAS DA REPÚBLICA DO UZBEQUISTÃO

Instituto de Botânica e Zoologia

A.U. Mirzaeva, S.H. Umrkulova, F.D. Akramov

CARRAÇAS ECTOPARASITAS IXÓIDES ANIMAIS DO UZBEQUISTÃO

Editado por.
Académico da Academia de Ciências do RUz, Doutor em Ciências Biológicas,
Professor D.A. Azimov

UDC 576.895.42.

A monografia é dedicada à fauna, ecologia e distribuição de carraças ixodóides nas biogeocenoses do Uzbequistão. São analisados os mecanismos fisiológicos e bioquímicos da relação entre as carraças e os seus hospedeiros. São apresentadas as propriedades tóxicas das substâncias bioactivas nas glândulas salivares das principais espécies de carraças ixodídeas e arga. Esta publicação destina-se a zoólogos, parasitologistas, entomologistas, veterinários, pessoal dos serviços de saúde e epidemiológicos e estudantes de disciplinas biológicas, veterinárias e médicas.

INTRODUÇÃO

Uma das ameaças globais que a humanidade enfrenta na encruzilhada dos séculos XX e XXI é a degradação ambiental, que está a conduzir a um declínio da biodiversidade no nosso planeta. A conservação de todas as formas de organismos vivos tornou-se uma das tarefas prioritárias da estratégia global para a sobrevivência da humanidade a nível mundial, regional e nacional. Em 1995, o Uzbequistão ratificou a Convenção sobre a Diversidade Biológica e assumiu a responsabilidade pela conservação dos complexos naturais no seu território.[1] Ao mesmo tempo, em muitas partes do país, o inventário de muitos grupos de invertebrados ainda não está concluído. Isto é particularmente verdade no caso das carraças, um dos grupos de aracnídeos que inclui grupos que são simultaneamente úteis e prejudiciais à atividade humana. [2]Os prejuízos causados pelos agentes patogénicos na agricultura mundial estão estimados em 1,4 biliões de dólares. Os ácaros Ixodoidea são um grupo de artrópodes vermelhos sugadores de sangue altamente especializados, compreendendo duas famílias - Argasidae (Argasinae e Ornithodorinae) e Ixodidae (Ixodinae e Amblyomminae), que são parasitas temporários obrigatórios de vertebrados e sugadores de sangue obrigatórios, alimentando-se de sangue em todas as fases do seu desenvolvimento. No Uzbequistão, existem cerca de 24 espécies de carraças Ixodina. A extraordinária importância prática dos ixodídeos como ectoparasitas dos animais de criação e dos seres humanos, e como vectores de muitas doenças transmitidas por vectores, fez com que o estudo deste grupo se tornasse um ramo da parasitologia de pleno direito, em cujo desenvolvimento os especialistas em medicina veterinária e biologia geral estão ativamente envolvidos, juntamente com os zoólogos. Apesar de alguns estudos efectuados no passado, a fauna dos ixodídeos e argasídeos, bem como a sua biologia e ecologia, continuam a ser pouco estudadas no Usbequistão.

Durante os anos da independência, o nosso país empreendeu uma vasta

---

[1] Estratégia nacional do Uzbequistão para a conservação da diversidade biológica. Tashkent, 1998 - 135 c.
[2] http : // www. fao ozg/ docrep. / 018/ i3300e/ i3300e/pdf

reforma de todos os ramos do complexo agroindustrial. Foi dada especial atenção à preservação do gado e ao aumento da sua produtividade. Com base nas actividades do programa, foram alcançados alguns resultados neste sentido, incluindo no sector da pecuária.

Os efeitos negativos dos agentes patogénicos e dos endo e ectoparasitas, entre os quais se contam numerosas espécies de carraças ixodóides, são apenas alguns dos factores que afectam o desenvolvimento da pecuária. Deste ponto de vista, o problema da luta contra as carraças é um dos principais objectivos da investigação no domínio da parasitologia. Trata-se de estudar em profundidade as comunidades de carraças hematófagas, as vias e os factores de propagação, a biologia e a ecologia das espécies predominantes, utilizando métodos parasitológicos experimentais.

Os estudos efectuados em muitas partes do mundo produziram uma série de resultados científicos. A maioria dos estudos centrou-se no papel epizootológico e epidemiológico das carraças em habitats naturais e zonas urbanas.

Ao mesmo tempo, as características morfológicas e biológicas das carraças são de excecional interesse para elucidar os processos de circulação de diferentes grupos de agentes patogénicos - micróbios, vírus, protozoários e outros organismos - nos seus corpos e o mecanismo da sua transmissão aos vertebrados, bem como o papel das substâncias bioactivas das glândulas salivares das carraças nestes processos.

Apesar de alguns sucessos na investigação sobre carraças nos últimos anos, há uma série de questões problemáticas que precisam urgentemente de ser resolvidas, tanto em regiões individuais como em países. Estas áreas prioritárias incluem a explicação das diferenças na capacidade de transmissão de agentes patogénicos de doenças infecciosas e parasitárias dos animais e dos seres humanos, a diferente suscetibilidade das carraças aos acaricidas, a diferente toxicidade dos alimentos das carraças para os hospedeiros e muitas outras questões práticas que têm de ser investigadas na especificidade das espécies dos processos fisiológicos e bioquímicos, que, em alguns casos, se manifestam a nível molecular e genético. Por conseguinte, os trabalhos no domínio dos ácaros sugadores de sangue não devem limitar-se ao estudo dos aspectos comuns característicos deste grupo de parasitas, mas devem também procurar realçar as diferenças interespecíficas a nível estrutural e funcional. Estes estudos são particularmente importantes porque é necessário resolver duas questões práticas importantes. Em primeiro lugar, o objetivo é desenvolver previsões de alterações na dimensão das populações de carraças ixodídeas e argas e, em segundo lugar, determinar as possibilidades (extensão da área de distribuição) de estes artrópodes permanecerem quando dispersos pelos seus predadores dentro e fora da sua área de distribuição. Parece oportuno esclarecer o papel das diferentes populações nos processos epizoóticos nos rebanhos naturais e nas zonas urbanizadas, utilizando indicadores quantitativos da relação na experiência e no conhecimento da ecologia dos vectores.

CAPÍTULO I. BASES BIOCENÓTICAS PARA O ESTUDO DOS ÁCAROS SUGADORES DE SANGUE IXODOIDEA - ECTOPARASITAS DE INVERTEBRADOS ANIMAIS

As famílias de ácaros Ixodoidea formam um grupo
artrópodes hematófagos altamente especializados - por vezes ectoparasitas obrigatórios de vertebrados, incluindo o homem. Pensa-se geralmente que este grupo inclui representantes de duas famílias - Ixodidae e Argasidae. Foram registadas cerca de cem espécies de carraças ixodóides no vasto território dos países dos Estados Independentes, e a fauna mundial inclui mais de 895 espécies (Balashov, 1982; Guglielmone et al., 2010).

A importância prática excecional das carraças Ixodoidea como ectoparasitas de animais de criação, mas sobretudo como vectores de agentes patogénicos de numerosas doenças infecciosas e parasitárias, atraiu a atenção de zoólogos, parasitologistas, entomologistas e outros especialistas em medicina veterinária. Com base nas necessidades práticas da saúde pública e da medicina veterinária, foram estudadas em profundidade as características ecológicas dos principais vectores entre os Ixodoidea, em particular os complexos faunísticos dos Ixodidae e Argasidae, os seus ciclos de vida, a sua regulação por factores ambientais, a atividade das carraças em biótopos naturais e urbanizados e a sua relação com diferentes hospedeiros vertebrados. Um número considerável de estudos foi dedicado ao exame das características morfológicas, fisiológicas e bioquímicas dos ácaros, a fim de determinar as suas adaptações ao parasitismo.

As relações estreitas e variadas dos ácaros hematófagos com animais forrageiros e vários agentes patogénicos - microrganismos - são geralmente explicadas pela idade do parasitismo e pela diversidade das relações biocenóticas dos hospedeiros terrestres.

Numerosos estudos realizados por investigadores de instituições científicas e educativas de todo o mundo têm-se debruçado sobre vários aspectos da participação das carraças hematófagas, em particular das carraças ixodóides, na transmissão de agentes patogénicos de doenças animais e humanas transmitidas por vectores e na defesa contra o seu ataque (Balashov, 1982). Ao mesmo tempo, os vários aspectos da sua nocividade como ectoparasitas e as relações entre parasitas e hospedeiros estão muito menos bem estudados.

Verificou-se que os ácaros Argas são principalmente parasitas de ninhos cujo habitat se caracteriza por um regime de humidade-temperatura relativamente estável. Os ácaros Ixodes são parasitas de pastagens e, em número relativamente menor, parasitas de ninhos. Estas e outras características da vida dos grupos de carraças acima referidos foram estudadas pelos investigadores no contexto da nocividade dos sugadores de sangue para os animais e para o homem. Os prejuízos causados pelos ectoparasitas, incluindo as doenças que transmitem, são estimados pela FAO em 7 mil milhões de dólares por ano para o sector pecuário mundial (Harrow et al., 1991).

Tudo isto forneceu a base para uma análise crítica e generalização da literatura disponível sobre carraças ixodóides e a sua sistematização do ponto de vista das relações de parentesco entre ectoparasitas de vertebrados terrestres no Usbequistão.

Estudos sobre a fauna, biologia, ecologia, distribuição e importância de grupos de carraças estudados como ectoparasitas de animais selvagens e domésticos no Uzbequistão (Bernadskaya, 1959 ; Muratbekov, 1949-1954 ; Muratbekov, 1959; Kuzybaeva, 1961 - 1969; Nadyrov, 1962; Serzhanov, 1964; Muhammedkulov, 1970; Kuklina - 1976) são fragmentários e os dados disponíveis estão bastante desactualizados e têm apenas interesse histórico.

Outros estudos sobre o papel das carraças ixodóides na transmissão de doenças infecciosas e parasitárias em aves, mamíferos e também no homem podem ser encontrados no trabalho de vários autores (Galuso et al., 1959; Rasulov, 2001).

O papel das carraças hematófagas na propagação de doenças animais e humanas graves no Uzbequistão e nos países vizinhos é descrito por U.Y.

Uzakov (1974), que relata o envolvimento de espécies de carraças ixodóides na transmissão de agentes patogénicos de doenças virais, bacterianas e parasitárias.

De acordo com dados generalizados de autores (Uzakov, 1974; Kuklina, 1976), estão registadas 40 espécies de carraças ixodóides pertencentes às famílias Argasidae e Ixodidae nas biogeocenoses do Usbequistão.

As carraças argáceas são representadas por 7 espécies, as ixodes - 33 espécies, muitas das quais estão disseminadas em zonas naturais e urbanizadas da República de Karakalpakstan, nos vales de Fergana e Zarafshan, no sul do Uzbequistão. Como já vimos, podem parasitar vertebrados terrestres - répteis, aves e mamíferos.

Nos anos 80 e 90 do século XX, registou-se um novo impulso na investigação sobre o efeito nocivo dos ectoparasitas hematófagos na produtividade da avicultura e da pecuária no nosso país. Os resultados do estudo dos ácaros ixodóides na fauna uzbeque são prova disso (Raslov et al., 2001; Abdurasulov, 2006; Kazakov, 2010). Ao mesmo tempo, as carraças estudadas, que são vectores de agentes patogénicos de doenças parasitárias transmitidas pelo sangue de animais de criação, têm uma distribuição epizoótica em praticamente todas as regiões do país.

As carraças ixodóides, agrupadas nas famílias Argasidae e Ixodidae, estão bastante disseminadas em muitas partes do mundo. São ectoparasitas e vectores de uma série de doenças em vertebrados, incluindo o homem, e colocam graves problemas veterinários e de saúde pública (Balashov, 1982; Alekseev, Kondrashova, 1985 ; Gothe, Neitz, 1991 ; Alekseev, 1993 ; Hillyard, 1996 ; Shevkoplyas, 2002 ; Magometov, 2004 ; Bogdanova, 2008 ; Ahmed et al, 2007 ; Anderson, Magnarelli, 2009, Baker, Craven, 2003 ; Dennis, Piesman, 2005 ; Durden et el., 2001 ; Estrada - Pena et al, 2004, 2006, 2010 ; Fry et al, 2009 ; Fukumoto et al, 2006 ; Jongejan, Uilenberg, 2004 ; Kaaya, 2003 ; Kanturk, Yigit, 2011 ; Kinsey, Durden, 2000 ; Knipling, Stellman, 2000 ; Mans et al, 2002 ; Mbati et al, 2002 ; Pantaleoni et al, 2010; Permin et al, 2002;

Ramamoorthi et al, 2005; Samish, Alekseev, 2001; Shah et al, 2004, 2006; Spiewak et al;

Telmadarrehei et al., 2007; Tolleson et al., 2007; Guglielmone et al., 2010). Estes materiais mostram igualmente a extensão da distribuição das comunidades de ácaros sugadores de sangue em diferentes regiões do mundo e o seu papel na patologia dos seres humanos, dos animais agrícolas e selvagens, nomeadamente aves e mamíferos.

A próxima direção importante é dedicada à sistemática e taxonomia dos ixodóides. Não existe uma opinião unânime sobre este assunto. Sem entrar numa análise detalhada dos sistemas existentes da superfamília Ixodoidea da fauna mundial, consideramos que o sistema das famílias Argasidae, Ixodidae e Nuttalliellidae proposto por A. A. Guglielmone et al. (2010) é o mais perfeito. Os autores fornecem taxonomias para 896 espécies: Argasidae - 193, Ixodidae - 702 e Nuttalliellidae - 1, sendo esta última uma família monotípica com uma única espécie, *Nuttalliellidae namaqua*. Os autores consideram que estas três famílias fazem parte da ordem Ixodidae. Concordamos com esta sistemática.

Atualmente, o problema das relações entre os parasitas e os seus hospedeiros é de importância vital para a parasitologia ecológica. A clarificação dos aspectos quantitativos e qualitativos das relações entre os parasitas e os seus hospedeiros determina a natureza dessas relações (Kennedy, 1978; Balashov, 1982; Alekseev e Kondrashova, 1985), que também são características das carraças hematófagas. Consoante a natureza da relação com o hospedeiro vertebrado e o tipo de habitat, os Ixodoidea podem ser divididos em espécies ou grupos cujo parasitismo é do tipo pastoreio/crescimento rasteiro ou nidificação. A nidificação é caraterística dos ácaros Argas; todo o seu ciclo de vida, incluindo a alimentação do hospedeiro, tem lugar em grutas, ninhos e outros micro-habitats que ocupam. A maioria dos Ixodidae caracteriza-se por um parasitismo pastoral (Balashov, 1967).

Uma das particularidades de todas as fases de desenvolvimento das carraças e larvas de ixodídeos (raramente ninfas), bem como de certas espécies de argasídeos, é o facto de se alimentarem durante vários dias nos corpos dos vertebrados e de absorverem uma grande quantidade de sangue e de metabolitos durante este período. As carraças têm, portanto, um estilo de vida ectoparasitário, utilizando os corpos dos vertebrados não só como fonte de alimento, mas também como o seu próprio habitat.

O efeito patogénico dos ácaros hematófagos nos vertebrados é múltiplo. O primeiro é o efeito tóxico da saliva (Balashov, 1982). Sob a influência dos componentes das glândulas salivares de uma série de espécies de carraças ixodídeas e arga, pode observar-se uma paralisia pronunciada e a morte de vertebrados em caso de parasitismo simultâneo por um grande número de carraças. Nos países da Ásia Central, a toxicose é frequentemente observada em animais infestados por carraças dos géneros *Ixodes, Boophilus, Dermacentor, Argas e Ornithdoros.*

Nos últimos anos, os componentes das glândulas salivares das carraças ixodídeas e arga têm sido objeto de estudos aprofundados em numerosos centros científicos de todo o mundo, a fim de explicar o mecanismo de ação destas substâncias tóxicas (Balashov, 1982; Amosova, 2008; Kazakov, 2010; Orlov, Gelashvili, 1985; Andrade et al, 2005; Bergstrom et al, 1999; Bowman, Sauer, 2004; Brossard, Wikel, 2004; Chimikara et al, 2010; Chmelar et al, 2011 ; Corral - Rodriguez et al, 2009 ; Donat et al, 1981 ; Drummond, 1983 ; Francischetti et al, 2009 ; Chadeer et al, 2005 ; Gothe, Neitz, 1991 ; Kazakov, Abubakirova, 2007 ; Kazimirova, 2008 ; Koh et al, 2007 ; Lagos, Thies, 1969 ; Lysyk, Majak, Veira, 2005 ; Mans, Gothe, Neitz, 2002, 2004 ; Maritz et al, 2001 ; Maritz - Olivier et al, 2007 ; Masina, Broady, 1999 ; Matovu, Olila, 2007 ; Miller et al, 2005 ; Motoyashiki, Tu, Azimov et al, 2003 ; Tu, Motoyashiki, Azimov, 2005 ; Paveglio et al, 2007 ; Ramamoorthi et al, 2005; Rezaie, 2004; Ribeiro, Francischetti, 2002; Rolla, 2004; Sauer et al, 2000; Schwan et al, 2003; Simons et al, 2011; Soltys et al, 2009; Stoll et al, 2007; Tomalski et al, 1989; Vandier et al, 2002; Viljaen et al, 1986; Zingali et al, 1993; Spiewak et al., 2006). Na sequência do estudo efectuado

Estudos fisiológicos, bioquímicos e toxicológicos das secreções das glândulas salivares de várias espécies de carraças (Ixodidae e Argasidae) revelaram a presença de substâncias bioactivas - anticoagulantes, fosfolipases e outros componentes. As estruturas e os pesos moleculares dos anticoagulantes e inibidores foram determinados (Motoyashiki et al., 2003; Tu et al., 2005).

A elevada especificidade biológica destas carraças, vectores de numerosos grupos de agentes patogénicos de doenças dos animais de criação, exige estudos complexos sobre a redução da população das espécies ou grupos de ixodóides predominantes e a sua regulação em zonas naturais e urbanizadas.

Nos últimos anos, foi publicada uma quantidade considerável de trabalhos sobre o desenvolvimento de métodos de controlo que utilizam agentes químicos, vegetais e biológicos para regular o número de ácaros sugadores de sangue (Bogdanova, 2008; Podboronov, 1993; Shashina, 2007; Shevkoplyas, 2002; Abdel-Shafy et al, 2007; Abduz Zohir et al., 2009; Al - Rajhy et al, 2003; Anderson, Magnarelli, 2009; Andrew et al, 2004; Cairoll et al, 2004; Chandler, et al, 2000; Choudhary et al, 2004; Chungsamarnyart, Jansawan, 2001; Chungsamarnyart et al, 1994; Dautel, 2004; Dusbabek et al, 1997; Dutra et al, 2004; Fernandes et al, 2008; Foil, 2004; Frazzon et al, 2000; Fernandez - Ruvalcaba et al, 1999; Gindin et al, 2001; Gothe, 1984, 1999; Habib Sewify, 2002, 2010; Hassanain et al, 1997; Hepburn et al, 2007; Hornbostel et al, 2005; Jansawan et al, 1993; Kaaya, 2000, 2003; Kaaya et al, 1995; Kandil et al, 1999; Khater, Ramadan, 2007; Khudrathulla, Jagannath, 1998; Kumar et al, 2000; Lundh et al, 2005; Magano et al, 2008; Martin et al, 2001; Massond et al, 2005; Mawela, 2008; Miller et al, 1995; Montasser et al, 2005; Onofre et al, 2001; Pandita, Ram, 1990; Pereira, Famadas, 2006; Peter et al, 2005; Pirali - Kheirnbadi et al, 2007; Pourseged et al, 2010; Rajput et al, 2006; Ramadan, 2009; Regassa, 2000; Rebeiro et al, 2007; Salum et al, 2002; Samish et al, 2001, 2004; Sewify, Habib, 2010; Tavassoli et al, 2009; Telmadarehei et al, 2007, 2009; Thembo et al, 2010; Tomalski et al, 1989; Williams, 1991; Wutzler, Sauerbrei, 2004; Simons et al, 2011). Os resultados

dos estudos efectuados demonstraram a eficácia de uma série de preparados químicos e à base de plantas contra certas espécies de carraças de araras e ixodídeos. O papel das preparações à base de estirpes fúngicas como acaricidas no controlo do número de carraças foi particularmente destacado. O fungo *entomopatogénico Metarhizium anisopliae foi considerado uma* alternativa aos produtos químicos (Pourseyed et al., 2010). Vários estudos referiram a possibilidade de utilizar preparações bacterianas contra ectoparasitas animais (Hassanain et al., 1997; Kaaya, 2003).

Ao analisar a literatura sobre as carraças ixodídeas de diferentes partes do mundo, tornam-se evidentes os seguintes factos: as carraças ixodídeas e argas estão amplamente distribuídas como ectoparasitas de vertebrados terrestres e estão implicadas na transmissão de uma série de doenças infecciosas e parasitárias de animais de criação e selvagens, incluindo os seres humanos.

Todos os ácaros estudados são parasitas temporários obrigatórios, com parte do seu ciclo de vida a decorrer no corpo do hospedeiro e outra parte no ambiente externo. A relação entre as fases livre e parasitária da sua biologia é determinada pela natureza das suas relações com os vertebrados.

As diferentes condições em que as fases de desenvolvimento livre e parasitário das carraças ixodídeas existem na mesma fase morfológica contribuíram para o aparecimento de profundas diferenças morfofisiológicas e bioquímicas entre elas. O refinamento das adaptações das carraças ixodídeas e argas ao parasitismo temporário em vertebrados terrestres assegurou a utilização máxima do sangue animal como fonte de alimento e permitiu a absorção de grandes quantidades de sangue para o crescimento e desenvolvimento. Em ambos os grupos de ácaros, as glândulas salivares produzem substâncias bioactivas, tais como anticoagulantes, que impedem a coagulação do sangue no parasita e os vasos sanguíneos danificados na pele do hospedeiro. Os componentes das substâncias bioactivas contidas na saliva das carraças são objeto de estudos aprofundados por parte de numerosos investigadores na América, Europa e Ásia.

A análise de vários estudos sobre o controlo de ácaros sugadores de sangue mostrou que foram identificadas substâncias activas acaricidas entre as preparações químicas, vegetais e biológicas testadas. Estas incluem algumas substâncias activas muito promissoras que ainda requerem mais investigação.

De um modo geral, a investigação sobre carraças ixodídeas está a ser levada a cabo em muitas instituições científicas e educativas de todo o mundo. No âmbito da nossa investigação, foram obtidos resultados fundamentais e aplicados sobre carraças das famílias Ixodidae e Argasidae da fauna do Uzbequistão.

1.1 Materiais e métodos de investigação

O material foi recolhido durante o período (2008-2016) em biótopos localizados nas regiões nordeste, central e sul, que incluem 8 províncias do Uzbequistão (Tashkent, Syrdarya, Jizzak, Samarkand, Bukhara, Navoi, Surkhandarya e Kashkadarya).

O material foi recolhido em todas as estações: primavera, verão, outono e inverno em habitats de ácaros (alojamentos de animais perto de água, grutas e habitações) utilizando métodos conhecidos (Pospelova - Strom, 1953; Agrinsky, 1962). Foram recolhidos e analisados 136126 espécimes de carraças. A dinâmica da infestação de *carraças do* gado (*Bos taurus* dom., *Ovis aries* dom., *Capra hircus* dom., *Equus caballus dom.*, *Camelus dromedarius dom.*, *Suis scrofa* dom.) por ixodes e de aves (*Gallus gallus* dom., *Meleagris gallopavo* dom.) por argasídeos foi estudada através da recolha de carraças uma vez por mês de 2008 a 2016. Ao mesmo tempo, certas espécies de animais selvagens (répteis, aves e mamíferos) foram regularmente examinadas para detetar infestações por carraças.

O efeito anticoagulante da secreção da saliva da carraça foi estudado utilizando métodos conhecidos (Fry ét al., 2009). Os métodos utilizados nas nossas experiências são igualmente descritos nos capítulos e secções correspondentes do presente trabalho.

CAPÍTULO II. FAUNA E ECOLOGIA DOS IXODOIDEA - ÁCAROS VERTEBRADOS HEMATÓFAGOS DO UZBEQUISTÃO

Encontrámos 24 espécies pertencentes a 9 géneros e duas famílias, Ixodidae e Argasidae (Fig. 1).

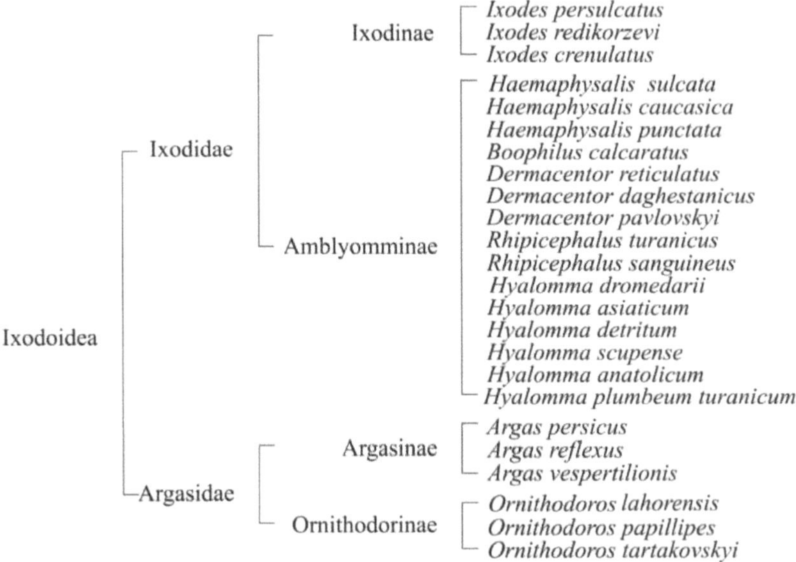

Fig. 1: Composição taxonómica e diversidade das espécies de carraças ixodóides no Uzbequistão

A família Ixodidae é representada por 18 espécies, 17 das quais

foram registados em zonas de planície, 13 em zonas de piemonte e 10 em zonas de montanha.

regiões montanhosas. Os representantes do género *Hyalomma* dominaram nas regiões de planície. Nas nossas colecções, este género constitui a maior parte da fauna de ixodídeos (62,6%) e está representado por 6 espécies - *H. asiaticum* Sch. et Schlottke, 1929, *H. anatolicum* Koch. 1844, *H. detritum* Sch. 1919, H. *dromedarii* Koch. 1844, *H. scupense* Sch. 1918 e *H. plumbeum* Panzer, 1795.

Os parasitas mais comuns dos animais de criação são *H. asiaticum* (33,7%), *H. detritum* (22,6%) e *H. anatolicum* (cerca de 20,0%). Estas espécies foram detectadas em praticamente todas as regiões do Usbequistão. A maior frequência foi observada nas regiões do sul e do centro. As planícies com diferentes condições climáticas são também favoráveis a *Boophilus calcaratus* Birula, 1895 (16,5%), *Rhipicephalus turanicus* Pomerantzev, 1940 (10,7%) e *Dermacentor reticulatus* Fabricius, 1794 (2,2%). Aqui

Algumas espécies dos géneros *Ixodes* e *Haemaphysalis estão* também disseminadas. Foram registados representantes do género *Ixodes* (18%) em zonas de sopé,
Boophilus (15,6%), *Rhipicephalus* (15,1%) e *Hyalomma* (18,9%).

Nas regiões montanhosas, foram registadas 10 espécies dos géneros *Ixodes* (1,4%), *Boophilus* (32,6%), *Rhipicephalus* (4,2%) e *Hyalomma* (37,0%). O género *Ixodes* encontra-se principalmente nas regiões de piemonte e de montanha. Os representantes dos géneros *Haemaphysalis* e *Dermacentor estão* confinados às planícies. As espécies dos géneros *Boophilus, Rhipicephalus* e *Hyalomma adaptaram-se a* todas as zonas da paisagem.

A família Argasidae está representada nas nossas colecções por dois géneros, *Argas* Latreille, 1796, *Ornithodoros* Koch. 1844.

O género *Argas é* representado por três espécies - *Argas persicus* Oken, 1818, *A. reflexus* Fabricius, 1794 e *A. vespertilionis* (Latreille, 1802). *A. persicus é* a mais difundida tanto nas planícies como nas pré-montanhas, onde a infestação das galinhas domésticas atinge 35-70%. A intensidade da infestação variou de 7 a 147 indivíduos. O género *Ornithodoros é* representado por três espécies - *O.*
papillipes (Birula, 1895), *O. tartakovskyi* Olenev, 1931 e *O. lahorensis* (Neumann, 1908). Foram identificadas tanto em animais como em explorações agrícolas e habitações humanas. A primeira espécie está confinada às zonas

piemontesas e montanhosas e parasita bovinos, ovinos, caprinos, equinos e humanos. *O O. tartakovskyi é* registado em animais de criação em paisagens desérticas e semi-desérticas. Encontra-se nos vales dos rios Amu Darya, Syr Darya e Zarafshan. Em condições naturais, pode ser encontrada nas cavidades de insectívoros, roedores e répteis. A terceira espécie, *O. lahorensis, encontra-se* nas planícies e no sopé das montanhas, mais frequentemente em ovinos (15,5%), com uma intensidade de infestação que varia entre 9 e 85 indivíduos.

O papel da alimentação dos animais na propagação de muitas espécies de carraças Ixodes e Argas em zonas naturais e urbanizadas do Usbequistão deve ser tido em conta. A deslocação de animais de criação e selvagens contribui de forma muito eficaz para a propagação de carraças.

A atividade das espécies dominantes de ixodes e argasídeos depende das estações do ano e da paisagem. Nas planícies, a atividade é observada a partir da terceira década de fevereiro e início de março, na faixa de sopé em abril e na faixa de montanha no final de abril e início de maio. A época de parasitismo da carraça nas diferentes zonas distingue-se pela época de infestação dos animais. A infestação máxima dos animais é geralmente observada no verão. A elevada infestação de bovinos por *H. asiaticum* atingiu 32,5%. As galinhas estavam 29,3% infestadas com *A. persicus.* Observou-se uma diminuição da infestação animal em todas as áreas no outono e significativamente no inverno.

Os resultados da nossa investigação indicam que as carraças ixodídeas estão atualmente representadas por 24 espécies no Uzbequistão. Destas, 18 espécies pertencem à família ixodidae e 6 à família argasidae. Em estudos anteriores (Uzakov, 1972; Kuklina, 1976), foram encontradas 40 espécies de Ixodidae em animais domésticos e selvagens: Ixodidae - 33 espécies e Argasidae - 7 espécies. É de notar que a maioria das espécies foi identificada a partir de achados isolados, espécimes únicos ou estádios imaturos. Os dados de estudos anteriores estão agora claramente desactualizados, o que é confirmado por estudos recentes sobre a acarifauna da região (Rasulov et al., 2003, Abdurasulov, 2006; Umrkulova et al., 2016). De acordo com os resultados de estudos efectuados nos últimos anos, verificou-se um claro empobrecimento da fauna de carraças ixodóides no Uzbequistão. Um número considerável de espécies esteve ausente das nossas colecções: *Ixodes redikorzevi emberizae, Haemaphysalis numidiana turanica, H. pavlovskyi, H. concinna, Dermacentor marginatus, D. silvarum, D. nuttulova et al. silvarum, D. nuttalli, Rhipicephalus bursa, R. rossicus, R. pumilio, R. leporis, R. schulzei, Hyalomma aegyptium, H. anatolicum excavatum, H. plumbeum impressum* e *Ornithodoros cholodkovskyi*. Na nossa opinião, o principal fator que limita a composição das espécies de carraças ixodóides no território do Usbequistão é a atividade económica humana, ou seja, o desenvolvimento em grande escala das zonas naturais, que leva a alterações na cobertura vegetal e nos habitats dos animais selvagens - comedores de carraças.

As zonas de planície ocupam um lugar especial na distribuição paisagística das espécies estudadas. As carraças estão presentes em praticamente todas as regiões onde a agricultura é predominante. Os mamíferos e aves agrícolas, presentes em grande número, desempenham um papel importante na manutenção de um elevado número de espécies.

O complexo de espécies que constituem atualmente a fauna de ixodóides no Usbequistão implica a necessidade de controlar o seu número, a fim de melhorar os métodos de controlo em determinadas zonas.

2.1 Ácaros hematófagos da família Argasidae

Como já foi referido, nas biogeocenoses do Uzbequistão encontrámos seis espécies de argas, pertencentes a dois géneros e duas subfamílias:

Família Argasidae Canestrini ; 1890

Subfamília Argasinae Posp. - Sht, 1946

Género *Argas* Latreille, 1796

Espécie: *Argas* persicus Oken, 1818

Argas reflexus Fabricius, 1794

Argas vespertilionis (Latreille, 1802)

Subfamília Ornithodorinae Posp. - Sht, 1946

Género *Ornithodoros* Koch, 1844

Espécie: *Ornithodoros papillipes* Birula, 1895

Ornithodoros tartakovskyi Olenev, 1931

Ornithodoros cholodkovskyi Pavl. 1930

Ornithodoros lahorensis (Neumann, 1908)

As espécies de ácaros Argas descobertas são hematófagas obrigatórias e praticamente omnipresentes. Como já foi referido, o género *Argas é* representado por três espécies - *A. persicus, A. reflexus* e *A. vespertilionis*. Estas espécies podem parasitar tanto aves como mamíferos. As populações mais disseminadas de *A. persicus encontram-se nas planícies* e no sopé das montanhas, onde a infestação de galinhas domésticas se situa entre 35 e 70%. A intensidade da infestação varia de 7 a 147 indivíduos. Entre estas espécies, *A. persicus* ocupa uma posição dominante como ectoparasita de aves.

O género *Ornithodoros* está representado nas nossas colecções por três espécies - *O. papillipes, O. tartakovskyi* e *O. cholodkovskyi*. Foram observadas tanto em animais como em explorações de gado e aves de capoeira. As populações destas espécies estão distribuídas de forma homogénea nas províncias de Kashkadarya e Surkhandarya. *O. papillipes* e *O. tartakovskyi* são numerosos.

A O. lahorensis, que é mais comum nos ovinos em todas as regiões da República estudadas, causa uma doença grave - a paralisia da carraça. Foram observadas quantidades consideráveis de carraças nas zonas utilizadas para a invernada dos ovinos, mas menos nas zonas onde se concentram os bovinos e os equídeos. As carraças dos gatos continuam a ser um ectoparasita muito grave dos ovinos e de outros animais.

Particularidades da distribuição e ecologia dos ácaros argas. Todos os ácaros Argas são ácaros hematófagos obrigatórios. A nutrição pelo sangue dos vertebrados é uma condição necessária sem a qual o desenvolvimento normal dos ácaros e a sua reprodução não são possíveis (Ginetsinskaya e

Dobrovolsky, 1978). Parte do ciclo de vida dos ácaros argas ocorre no corpo do hospedeiro vertebrado, e outra parte no ambiente externo. A relação entre as fases livre e parasitária do ciclo de vida é determinada pela natureza das relações com os vertebrados predadores. As diferentes condições de existência das populações das fases livre e parasitária na biologia das argas dentro de uma fase morfológica levaram ao aparecimento de profundas diferenças morfo-funcionais entre elas. A principal diferença entre as argas na fase parasitária reside no seu modo de alimentação, ou seja, a sucção repetida de sangue durante a mesma fase do ciclo de vida. As argas são principalmente ectoparasitas que se alimentam de ninhos, cujo habitat se caracteriza por um regime de humidade-temperatura relativamente estável. Tudo isto contribui para prolongar o seu tempo de vida ativa e para as encorajar a atacar animais - as suas presas.

De entre as características morfofuncionais dos ácaros Argas, descritas em pormenor por Balashov (1967), são de particular interesse as seguintes (utilizando o género *Argas como exemplo*)

Ácaros de grandes dimensões, com um comprimento de corpo (em estado de fome) de 3 a 12 mm e uma largura de 6 a 8 mm. Em geral, a reprodução dos ácaros estudados depende diretamente da refeição de sangue. Tal como acontece com muitos ácaros hematófagos, existe um ciclo gonotrófico nos Argasidae. Por conseguinte, o processo de maturação dos ovos depende da digestão e da assimilação do sangue. A absorção de uma certa proporção de sangue pelas fêmeas dos ácaros Argas assegura a formação, o desenvolvimento e a postura de numerosos ovos. Novas secções de postura de ovos só são possíveis após a ingestão repetida de sangue (alimentação). O período que decorre entre uma sugadela de sangue e a seguinte, entre as quais os ácaros se reproduzem, é conhecido como ciclo gonotrófico. Durante a sua vida, as fêmeas de Argasidae sofrem até 4-6 ciclos gonotróficos, que contribuem para a reprodução dos ácaros (fig. 2).

As argas estão muito disseminadas nas regiões estudadas no

Usbequistão. Encontram-se como ectoparasitas de aves e mamíferos em planícies, sopés e montanhas (Quadro 1).

Os representantes dos géneros estudados encontram-se principalmente nas planícies, onde se concentram os animais domésticos - os predadores dos ácaros das araras.

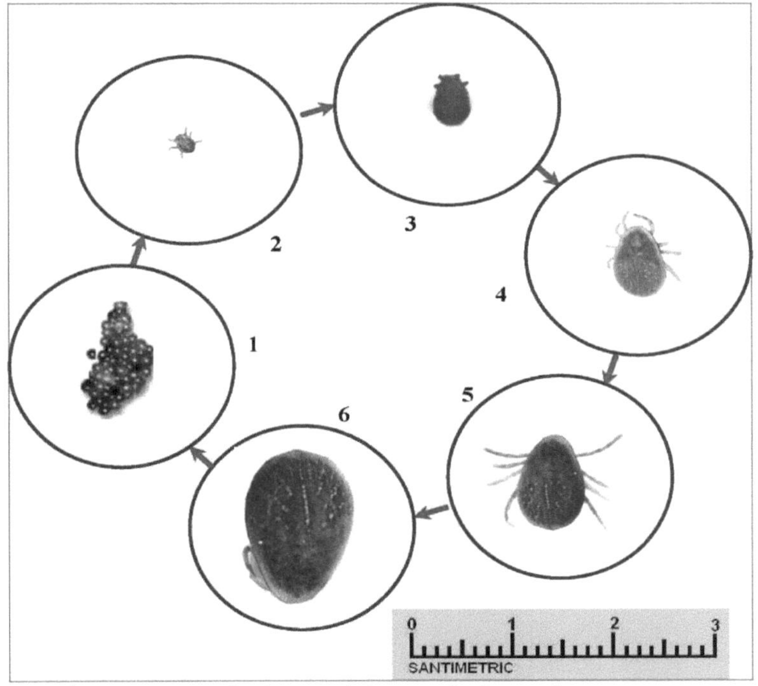

Figura 2: Fases do desenvolvimento do ácaro *Argas persicus*.
1 - ovos de *A. persicus,* 2 - larva, 3 - fase de pupa I, 4 - fase de pupa II, 5 - fase de pupa III, 6 - imago.

Tabela 1.

Distribuição de ácaros Argasidae em elementos da paisagem

Tipo de ácaro	Paisagens		
	Prados	Promontório	Montanhas
Argas	+++	+++	+
Ornitodoros	+++	++	-

Nota: +++ a granel; ++múltiplos; +pequenos; - não disponível.

O papel dos animais forrageiros na propagação de

muitas espécies de ácaros Argas em zonas naturais e urbanas do Usbequistão também deve ser tido em conta.

Os animais domésticos e selvagens infectados com ectoparasitas que se deslocam de uma área para outra (migração) contribuem muito eficazmente para a propagação dos ácaros estudados. Neste contexto, a maioria das espécies de carraças são registadas como ectoparasitas de animais que vivem em planícies, sopés e montanhas.

A atividade das espécies predominantes de ixodes e argasídeos depende das estações do ano e da paisagem. A atividade das carraças nas terras baixas é observada a partir da terceira década de fevereiro e início de março, na faixa do sopé - em março-abril e na faixa da montanha - no final de abril e início de maio. A época de parasitismo das carraças nas diferentes zonas difere em termos de infestação dos animais por carraças. A infestação dos animais por certas espécies (grupos) de carraças estudadas está correlacionada com as estações do ano (Quadro 2).

Quadro 2

Dinâmica sazonal da infestação de carraças Argas em animais no Uzbequistão

Ver	Inóculo			
	primavera	verão	outono	inverno
Argas persicus	4.1	29.3	10.1	5.6
Ornithodoros tartakovskyi	4.4	27.3	9.5	5.8
Ornithodoros lahorensis	3.1	24.6	8.2	4.2

A infestação máxima de animais é geralmente observada no verão. A elevada infestação de ovinos por *O. lahorensis* atingiu 24,6%. As galinhas domésticas estavam 29,3% infestadas com *Argas persicus*. Observou-se uma diminuição da infestação animal em todas as zonas no outono e significativamente no inverno.

A especificidade dos parasitas na escolha dos seus hospedeiros pode estar ligada à sua pertença a determinados grupos taxonómicos de animais (especificidade filogenética) ou a factores ecológicos, quando o parasita pode viver em espécies hospedeiras não relacionadas que ocupam nichos ecológicos semelhantes (especificidade ecológica).

(Balashov, 1982). Neste contexto, realizámos um estudo para determinar a relação numérica entre três espécies do género *Argas* em zonas urbanizadas do Uzbequistão (Fig. 3).

Em 2846 aves domésticas e pombos de explorações avícolas e columbófilos nos oblasts de Tashkent, Surkhandarya e Kashkadarya, foram recolhidos espécimes de *A.persicus* - 13638 espécimes, *A.reflexus* - 1510 e *A.vespertilionis* - 420 em 15568 carraças. Sem dúvida, *A.persicus* (87,6%), *A.reflexus* (9,69%) e *A.vespertilionis* (2,69%) dominam o número total de carraças deste género. É interessante notar que estas duas últimas espécies, que são parasitas específicos de pombos e morcegos, respetivamente, em condições naturais, estão muito disseminadas em galinhas e perus domésticos. O material disponível permite-nos tirar as seguintes conclusões

Fig. 3: Relação numérica das espécies de ácaros do género *Argas* - Parasitas de aves no
Uzbequistão

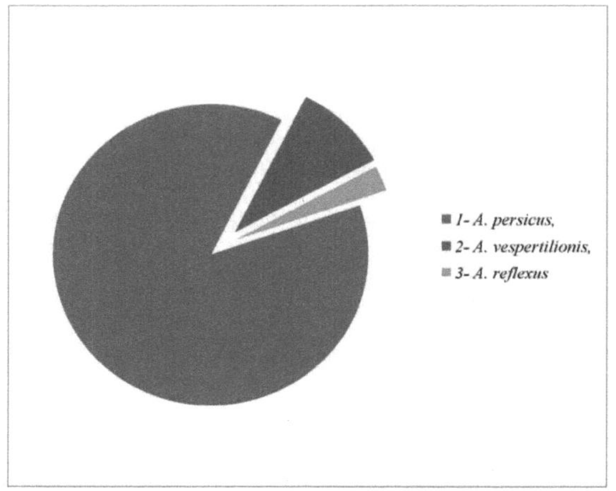

Conclusão de que os ácaros das espécies *A. reflexus* e *A. vespertilionis* podem parasitar outras espécies animais em condições adequadas, com as consequências que isso implica.

2.2 Estudo das trocas gasosas nos ácaros da família Argasidae - ectoparasitas das aves

Os ácaros respiram através do seu sistema traqueal, cujo revestimento de cutícula é substituído durante a muda. O sistema traqueal está presente num certo número de espécies da família Argasidae. A família Argasidae (*Ornothodoros lahorensis, Argas persicus, A. vulgaris, A. reflexus, Ornothodoros coniceps, O. capensis*) está suficientemente desenvolvida (Balashov, 1967). Oito troncos principais partem do tronco comum da traqueia e ramificam-se secundariamente em todas as partes do corpo. Cada tronco traqueal ramifica-se várias vezes e termina num feixe de traqueias muito finas que tecem uma rede vazia à volta dos órgãos internos do ácaro. O ritmo dos movimentos respiratórios e a intensidade da ventilação traqueal dependem da espécie, do seu estado e das condições da primavera.

O presente trabalho centra-se no estudo das trocas gasosas em várias espécies de ácaros da família Argasidae em diferentes condições de temperatura, o que constitui um pré-requisito para compreender a sua grande viabilidade face aos efeitos de condições ambientais desfavoráveis.

Foram utilizados ácaros Argas *A.persicus, A.reflexus* e *A.vespertilionis*, recolhidos em explorações avícolas nas regiões do sul do Uzbequistão. [0]Os ácaros adultos (imago) foram seleccionados para os testes e mantidos a 20-22 C. [2]A medição das trocas gasosas (consumo de O e
CO2) em insectos foi efectuada utilizando um microrespirómetro de Winterstein modificado (Kogan e Shitov, 1967).

Foi utilizado um microspirómetro ligado a um recipiente que continha um absorvente de O2 (KOH). - (KOH) ABSORVENTE. Este reservatório continha, por sua vez, o absorvente,
está ligado ao capilar de medição. A deslocação da coluna de solução neste capilar foi utilizada para avaliar a intensidade das trocas gasosas nos ácaros. Para as experiências a diferentes temperaturas, foi utilizado um termóstato de água. Uma câmara do microrespirómetro contendo ácaros foi imersa no termóstato. Ao fim de uma hora, o microrespirómetro foi retirado do termóstato e ligado à câmara de absorção, que estava equipada com um capilar de medição para determinar a intensidade da respiração dos ácaros. [3000]A fim de caraterizar quantitativamente as trocas gasosas dos ácaros, a intensidade do consumo de O2 e da libertação de CO2 foi determinada em mm por hora e por g de indivíduo em diferentes condições de temperatura (10 C, 20 C, 30 C). A intensidade das trocas gasosas varia consideravelmente de uma espécie para outra (quadro 3). Os materiais da tabela mostram que os ácaros *A.reflexus* e *A.vespertilionis* apresentam maiores trocas gasosas. Em *A.vespertilionis, por outro lado, as trocas gasosas são* baixas e as diferenças observadas devem-se às características biológicas dos ácaros, uma vez que as trocas gasosas podem constituir uma base metabólica única que contribui para a sobrevivência dos ácaros em condições ambientais extremas.

Quadro 3

Grau de trocas gasosas em ácaros da família Argasidae a diferentes temperaturas ambiente

Temperatura em 0C	Argas persicus		Argas reflexus		Argas. vespertilionis	
	Por. $_2^3O$ em mm por g Peso por hora	Destaques . $_2$ ^3CO em mm por g Peso por hora	Por. $_2^3O$ em mm por g Peso por hora	Destaques . $_2$ ^3CO em mm por g Peso por hora	Por. $_2^3O$ em mm por g Peso por hora	Destaques . $_2$ ^3CO em mm por g Peso por hora
30	298.20±15.4 2.52	217.40±12.11 12.49 0.73	470.40±23.4 1.52	324.40±15.2 1.46 0.68	167.20±11.4 1.89	119.20±10.2 1.75 0.71
20	118.30±11.7	87.20 0.73	268.90± 17.1	221.60 0.82	88.10±9.9	67.80 0.76
10	15.50±10.1 7.6	12.31±5.8 7.2 0.79	28.51±6.3 9.4	25.15±5.6 8.8 0.88	8.80±2.4 10.4	7.60±1.4 8.9 0.86

Nota: T-ra - temperatura, consumo - consumo, emissão. ^{0}- Atribuição, números oblíquos - grau de variação (no tempo) das trocas gasosas em relação ao nível de controlo (controlo - 20 C). Os dados de controlo são indicados por uma linha a negrito na tabela. As pequenas caixas quadradas indicam o valor do quociente respiratório.

É sabido que os factores abióticos têm uma influência considerável na atividade vital dos ácaros. Um desses factores é a temperatura exterior, que varia consideravelmente consoante a estação do ano e a hora do dia. [000]Nesta perspetiva, realizámos uma série de experiências para determinar as trocas gasosas dos ácaros da família Argasidae a diferentes temperaturas ambientes (10 C, 20 C, 30 C). [0]Embora a atividade vital dos ácaros se desenvolva a diferentes temperaturas ambientes, a temperatura média para eles é de cerca de 20 C. Neste contexto, os dados que obtivemos em condições laboratoriais a esta temperatura são utilizados como controlo. [22]Os dados apresentados na (Tabela 3) mostram que uma diminuição da temperatura leva a uma redução da intensidade das trocas gasosas nos ácaros, que é acompanhada por uma diminuição do consumo de O e da libertação de CO .

Todas as espécies de ácaros estudadas apresentam a mesma regularidade na alteração dos índices de trocas gasosas, embora existam algumas diferenças entre elas. Parece também que os ácaros cujo metabolismo é inicialmente mais elevado mantêm um nível relativamente elevado de trocas gasosas quando a temperatura exterior muda.

[00]Os ácaros *A. reflexus* e *A. vespertilionis revelaram-se* particularmente sensíveis às influências da temperatura, em que as trocas gasosas são divididas por dez quando a temperatura do ambiente é reduzida de 20 C para 10 C, e *mesmo por* sete para *A. reflexus.* [00]Por outro lado, se a temperatura do ambiente for aumentada de 20 C para 30 C, as trocas gasosas aumentam apenas por um fator de dois para todas as espécies de ácaros estudadas.

Um exame comparativo dos resultados das trocas gasosas em diferentes espécies de ácaros mostra que este parâmetro metabólico é muito sensível à influência da temperatura e que pode diminuir significativamente com a diminuição da temperatura.

Determinámos também o quociente respiratório dos ácaros em diferentes condições de temperatura. [22]Este índice é calculado como o quociente da divisão do volume de CO excretado pelo volume de O absorvido. Como sabemos que este coeficiente tem um valor até 1 durante a oxidação dos hidratos de carbono no corpo dos insectos, obtivemos valores entre 0,7 e 0,9 nas nossas experiências.

Estes valores indicam que não só os hidratos de carbono, mas também outras substâncias, particularmente proteínas, são utilizadas no corpo dos ácaros. [0]O quociente respiratório do *A. reflexus* foi mais instável, com um nível baixo deste índice a 30 C, enquanto que aumentou para 0,8 - 0,9 a temperaturas mais baixas. Pode dizer-se que o aumento da temperatura nesta espécie de ácaro contribui mais para o aumento da sua utilização de hidratos de carbono. As diferenças nas trocas gasosas parecem ser determinadas por peculiaridades ecológicas e biológicas dos ácaros que estudámos e podem ser a base metabólica da sua resistência a temperaturas desfavoráveis. Isto também foi demonstrado por uma diminuição das trocas de gás/oxigénio noutras espécies de ácaros em condições ambientais extremas (Belozerov, 1966; Malygin e Alekseev, 1989).

Em geral, os nossos resultados sugerem uma labilidade das trocas gasosas nos ácaros, que pode ter um significado biológico importante quando a temperatura ambiente desce durante a hibernação e os ácaros são sujeitos a uma fome prolongada. A forte supressão dos processos metabólicos é provavelmente um dos factores importantes que garantem a sobrevivência dos ácaros em condições ambientais extremas (Mirzaeva et al., 2011).

CAPÍTULO III. SUBSTÂNCIAS BIOACTIVAS NA SALIVA

GLÂNDULAS DOS ÁCAROS ARGAS

Sabe-se que a saliva das carraças hematófagas contém prostaglandinas, vasodilatadores, inibidores da agregação plaquetária, imunomoduladores e anticoagulantes ligados aos seus principais mecanismos de adaptação. Um estudo das características estruturais e funcionais da saliva revelou a presença de componentes tóxicos. Os anticoagulantes disponíveis impedem a coagulação do sangue do hospedeiro (Motoyashiki et al., 2003; Tu et al., 2005). A maioria das substâncias biologicamente activas contidas na saliva das carraças tem um amplo espetro de ação.

As substâncias biologicamente activas isoladas da saliva de diferentes espécies de ácaros e que possuem um mecanismo de ação anticoagulante e antiagregante plaquetário não foram suficientemente estudadas. Os estudos sobre os mecanismos fisiológicos de ação das secreções dos ácaros Argasidae e Ixodidae são, no entanto, incompletos e totalmente insuficientes.

3.1. Efeito anticoagulante e anti-hipertensivo da secreção da glândula salivar das carraças *Ornithodoros tartakovskyi*

Em estudos realizados sobre o efeito anticoagulante das secreções das glândulas salivares das carraças *O. tartakovskyi, verificou-se que* o processo de coagulação do plasma sanguíneo do rato e do carneiro era retardado. Os parâmetros de coagulação dependiam da concentração das secreções testadas (25 - 150 µg/ml). A uma concentração de 150 µg/ml, o grau de coagulação no plasma sanguíneo diminuiu (em comparação com o controlo) para 79,7±5,6% (figura 4).

Para determinar os mecanismos anticoagulantes do plasma sanguíneo em casos de deficiência dos factores X, XI, IX e VIII, foi utilizado o WHAT (Time of partial activation of thrombin). Neste caso, o processo de agregação plaquetária é muito prolongado. A figura 3 mostra o processo de agregação de plaquetas de rato. O abrandamento observado do processo anticoagulante pelas substâncias biologicamente activas nas secreções dos ácaros levou a 27

Atenuação da atividade plaquetária e inibição do fator X. Alguns compostos anticoagulantes demonstraram reduzir a formação de plaquetas (Waxman, 1993), enquanto outros demonstraram inibir a ativação dos factores Xa (Waxman et al, 1990). O efeito do complexo foi determinado

protrombinase ou complexo Xa e ligação à trombina durante a ação anticoagulante (Corral, 2009).

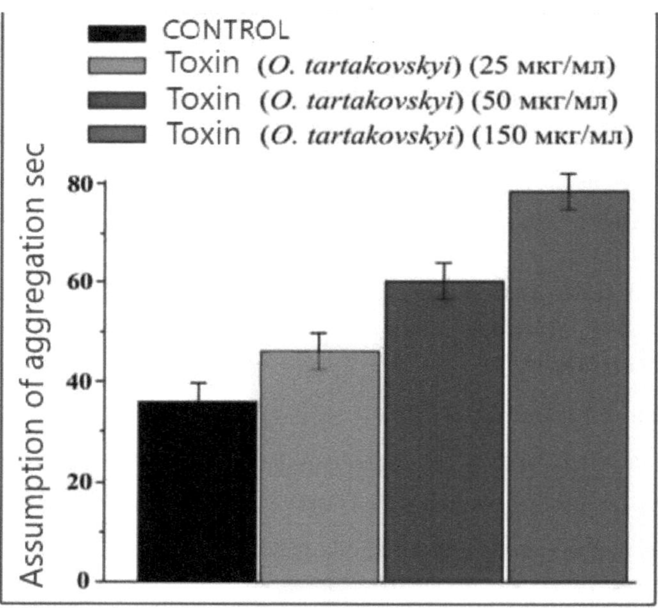

Figura 4: Efeito da secreção da glândula salivar da carraça *Ornithodoros tartakovskyi,*
em diferentes concentrações na agregação de plaquetas do sangue de ratos

Os componentes isolados das glândulas salivares dos ácaros *Ornithodoros moubata* e *O. savignyi, a moubatina* e *a savignina, retardam os* processos de coagulação sanguínea, levando a uma redução da ativação da trombina, e têm uma função anti-agregante (agregação plaquetária) no sistema sanguíneo. E a monobina isolada das glândulas salivares de *Argas monolakensis* tem também uma ação anticoagulante (Waxman, 1990).

Verificou-se que as moléculas de proteína TAP (Tick Anticoagulant Peptide) isoladas das glândulas salivares abrandam a atividade dos factores FXa nos processos de coagulação do sangue no plasma humano. Como resultado, mostraram a formação de ligações activas da proteína do fator TAR FXa e obtiveram resultados positivos no processo da sua ação antitrombótica no sistema sanguíneo (Rezaie et al., 2004; Fukumoto et al., 2006).

Os resultados dos nossos estudos e os dados da literatura mostram que as secreções de *O. tartakovskyi* (25 - 150 µg/ml) influenciam consideravelmente a atividade hemostática e, em menor grau, a duração da anticoagulação do plasma sanguíneo de acordo com o teste (HFAT). As secreções de *O. tartakovskyi têm* um efeito retardador sobre os factores X, XI, IX e VII no sistema circulatório. Foi observado um efeito relaxante dos componentes das glândulas salivares de *O. tartakovskyi* na atividade contrátil de uma preparação de músculo aórtico de rato. O efeito do KCl a uma concentração de veneno de 150 µg/ml resultou, por sua vez, numa regressão da força contrátil da preparação muscular em comparação com o controlo. $_{50}$O efeito semi-máximo da concentração de CE foi de 34,7 µg/ml com um pD2 (-log $_{EC50}$) de 4,73.

$^{2+2+}$Os iões Ca] desempenham um papel importante na regulação da atividade contrátil das células musculares lisas dos vasos sanguíneos, e este processo está diretamente ligado ao [Ca]$_i$. Os seguintes canais estão envolvidos na regulação deste processo: $^{2+2+2++2+}$Canais de Ca L no plasmolema, bem como canais receptores ativadores influenciados pelo inositol-1,4,5-trifosfato do retículo sarcoplasmático (IP3R), proteína calmodulina (Sanders, 2001), Ca -ATPase, Ca -ATPase presente no plasmolema e trocadores Na /Ca e compostos de proteína quinase.

Para assegurar a circulação sanguínea nas carraças, as suas glândulas salivares contêm uma série de vasodilatadores - substâncias que dilatam as paredes dos vasos sanguíneos (Rieiro, 2003; Andrade et al., 2005). As prostaglandinas, que têm propriedades vasodilatadoras, foram detectadas nas glândulas salivares das carraças das famílias Ixodidae e Argasidae. Têm também um efeito relaxante nos músculos lisos dos vasos sanguíneos e retardam a agregação plaquetária (Andrade et al., 2005).

$^{2+}$Quando as paredes dos vasos sanguíneos são danificadas devido à ativação das plaquetas, verifica-se um aumento dos iões Ca, que é acompanhado por uma redução da atividade do músculo liso dos vasos sanguíneos. $^{2+}$Neste contexto, as moléculas da proteína calreticulina presentes nas glândulas salivares do carrapato ligam-se aos iões Ca e limitam a contração do músculo liso dos vasos sanguíneos (Bowman, 1996).

A análise dos resultados dos nossos estudos e dos dados da literatura mostra que o efeito das secreções das glândulas salivares dos ácaros *O. tartakovskyi* sobre a atividade contrátil dos músculos lisos da preparação aórtica do rato e dos vasos sanguíneos tem um efeito relaxante. $^{2+}$Este, por sua vez, é conseguido pela ação das prostaglandinas como vasodilatadores e pelo efeito de ligação das moléculas da proteína calreticulina aos iões Ca.

Os resultados da investigação obtidos sugerem que as substâncias bioactivas presentes nas secreções das glândulas salivares dos ácaros devem ser utilizadas como componentes naturais para a criação e melhoria de meios de correção da patologia vascular.

3.2. Substâncias anticoagulantes em carraças *Argas persicus*, isolamento e teste da sua atividade

Após secagem liofílica, o material biológico (152 mg) foi dissolvido em 4 ml de tampão de bicarbonato de amónio 0,01 M (NH4HCO3). A solução resultante foi centrifugada durante 15 minutos a 6.000 rpm. O precipitado resultante foi então carregado numa coluna de adsorvente TSK HW-55f (1,6x125 cm) em tampão de bicarbonato de amónio 0,01 M (NH4HCO3). O caudal do tampão através da coluna foi de 60 mL por hora. O rendimento da fração desejada no eluato foi determinado espectrofotometricamente (UB -Uvicord S" -LKB" Sweden detetor) a um comprimento de onda de 280 nm e uma sensibilidade de 0,1.

A análise cromotográfica foi efectuada segundo métodos normalizados (Stefanova, 2002). O método de Lowry et al. foi também utilizado para determinar o teor de proteínas das fracções (Baluda et al., 1980). (Baluda et al., 1980).

A filtração em coluna de gel do liofilizado de *A. persicus* produziu 5 fracções proteicas (Fig. 5).

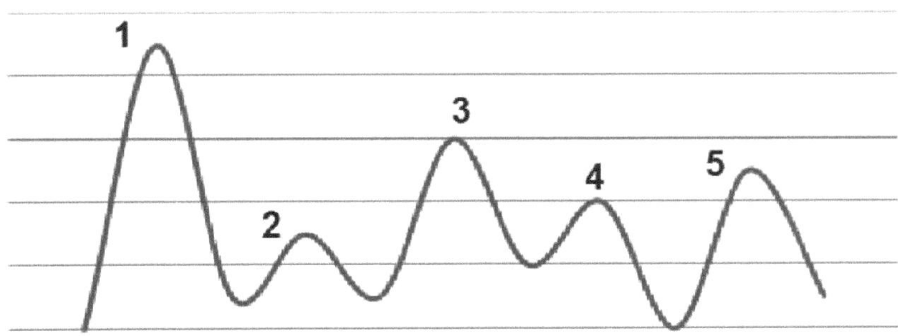

Figura .5. Rendimento das fracções proteicas de Argaspersicus por coluna de adsorventeTSK
HW-55f (coluna: 1,6X125CM) no processo de coluna de filtração em gel

Pode ver que as fracções de proteínas representadas no diagrama têm níveis diferentes, o que significa que a quantidade de proteínas nestas fracções é diferente. O teor mais elevado de proteínas encontra-se na primeira e na terceira fracções. Utilizámos estes dados na análise subsequente do efeito anticoagulante das diferentes fracções.

Determinação da composição em aminoácidos das proteínas do extrato de feniltiocarbomil (PTC) de *A. persicus* por um método sensível. Uma suspensão de 1 mg de extrato de glândula salivar foi dissolvida em 1 ml de água destilada. Para precipitar as proteínas e os polipéptidos, adicionou-se ácido perclórico a 10% a esta solução e centrifugou-se a 8000 rpm. Os aminoácidos FTC foram identificados utilizando um cromatógrafo (Agilent Nechnologies 1200). Os resultados da análise do teor quantitativo de aminoácidos no extrato das glândulas salivares de *A. persicus* mostraram (Quadro 4) que o ácido glutâmico, a glutamina e a prolina foram detectados em maiores quantidades. Quantidades ligeiramente inferiores de tirosina e

histidina, enquanto os outros aminoácidos estão presentes em quantidades ainda mais reduzidas.

Quadro 4

Resultados da análise do teor quantitativo de aminoácidos no

extrato da glândula

salivar de *A. persicus*

Nomes de aminoácidos	Teor de aminoácidos (µg/g)
Ácido aspártico	0,795858
Ácido glutâmico	3,010659
Cerin	0,44964
Glicina	0,376835
Asparagina	0,392079
Glutamina	8,546236
Cisteína	0
Treonina	11,9802
Arginina	1,549021
Alanina	2,231724
Prolina	4,103328
Tirosina	4,840961
Valina	1,834037
Metionina	2,017019
Isoleucina	0,717403
Leucina	0,81513
Histidina	5,664841
Triptofano	1,102432
Fenilalanina	0,472549

Lisina HCl	1,083174
No total :	**51,98312**

Os resultados indicam que os aminoácidos como o ácido glutâmico, a glutamina e a tirosina desempenham um papel importante nas fracções proteicas dos extractos das glândulas salivares de *A. persicus*. Esta descoberta é de interesse para estudos posteriores sobre a estrutura e a composição de anticoagulantes.

Com base nos dados obtidos, realizámos estudos para determinar a atividade de calibração das substâncias de *A.* persicus com um análogo padrão (heparina) em ensaios in vitro, tendo em conta o tempo de coagulação do sangue e o tempo de tromboplastina parcial activada.

Regra geral, os estudos são efectuados utilizando uma curva de calibração para concentrações baixas de anticoagulante de 0,02 a 0,10 unidades e para concentrações elevadas de 0,1 a 0,6 unidades. A concentração de anticoagulante é escolhida de modo a que a inativação da enzima seja linear. O analito e o análogo são adicionados ao plasma citratado pobre em plaquetas. O sangue foi centrifugado durante 20 minutos a 2000 rpm. O sangue utilizado para o estudo foi retirado gota a gota de uma veia auricular de um rato.

Nas nossas experiências, trabalhámos com níveis altos e baixos de anticoagulante de 0,1 a 0,6 U e de 0,02 a 0,06 U. Também utilizámos níveis elevados de anticoagulante de 0,1 U e 0,02 U.

O tempo de coagulação do sangue total foi determinado num banho-maria, utilizando um cronómetro iniciado imediatamente após o início do fluxo de sangue da orelha do rato para um tubo de até 1 ml, ao qual foram previamente adicionados 0,1 ml de soluções anticoagulantes.

Os dados obtidos são apresentados nos quadros 5 a 9. Como se pode ver na Tabela 2, o tempo de coagulação do sangue aumentou com a adição de todas as amostras de medicamentos. O maior efeito foi observado a uma concentração de 0,06 U/mL para a heparina e para as amostras de glândulas salivares de carraças *Argas* persicus, o dobro da concentração do controlo ao qual foi adicionada solução salina a 0,9%.

Como mostram os dados do quadro 6, o tempo de tromboplastina parcial activada, que depende da atividade dos factores VIII, IX, XI, XII e da pré-calicreína, envolvidos no mecanismo interno de coagulação do sangue, aumentou sob a influência da heparina e de amostras de glândulas salivares de carraças *Argas* persicus.

Tabela 5.

Efeito de amostras de anticoagulantes em diferentes
concentrações no tempo de coagulação do
sangue de ratinho em
testes in vitro

Grupo	O medicamento T	Concentração de anticoagulante, unidades/tempo em min					
		Controlo	0,02	0,03	0,04	0,05	0,06
0	Heparina	0,6±0,2	2,5±1,2	4±1,1	4±1,2	5±1,4	6±1,3
1	Grupo político	-	-	-	-	-	-
2	Grupo político	0,6±0,2	2,5±1,2	4±1,1	4±1,2	5±1,4	6±1,3
3	Grupo político	0,4±0,1	2,2±0,6	3.6±0,8	4±1,2	5±1,4	6±1,3
4	Grupo político	-	-	-	-	-	-
5	Grupo político	-	-	-	-	-	-

Tabela 6.

Efeito de amostras anticoagulantes no tempo de tromboplastina parcial activada em diferentes concentrações no plasma de rato pobre em plaquetas em ensaios in vitro.

Tempo de tromboplastina em diferentes concentrações no plasma de rato pobre em plaquetas em ensaios in vitro.

Grupo	O medicamento	Concentração do anticoagulante, unidades/tempo em segundos

		0,01	0,02	0,03	0,04	0,05	0,06
0	Geparina		54		180	>300	>300
1	Grupo político	-	-	-	-	-	-
2	Grupo político	-	60	-	200	320	350
3	Grupo político	-	54	-	160	300	300
4	Grupo político	-	-	-	-	-	-
5	Grupo político	-	-	-	-	-	-

*Controlo, com solução salina 20,8±2,0 seg.

Como se pode verificar pelos dados apresentados no quadro 7, o tempo de trombina alterou-se muito menos do que a ACTH, tanto sob a influência da heparina como das amostras de *A. persicus* estudadas, razão pela qual utilizámos tanto a heparina como as amostras de preparações estudadas numa dose uma ordem de grandeza superior na série de experiências seguinte.

Efeito de amostras anticoagulantes no tempo de trombina em diferentes concentrações no plasma de rato pobre em plaquetas em ensaios in vitro

Grupo	O medicamento	Concentração do anticoagulante, unidades/tempo em segundos				
		0,02	0,03	0,04	0,05	0,06
0	Geparina	19,7	25,7	133	>300	>300
1	Grupo político	-	-	-	-	-
2	Grupo político	21,7	27,7	153	>300	>300
3	Grupo político	19,7	23,7	143	>300	>300
4	Grupo político	-	-	-	-	-
5	Grupo político	-	-	-	-	-

*Controlo, com solução salina 15,6±1,0 seg.

Como se pode observar nos dados apresentados na Tabela 8, houve um aumento significativo do APTB nas concentrações de heparina de 0,6-0,2 e na fração de *A. persicus*. O maior efeito foi observado nas concentrações de 0,6 e 0,4 U (>300 s).

Tabela 8.

Efeito de amostras anticoagulantes no tempo de tromboplastina parcial activada em diferentes concentrações no plasma de rato pobre em plaquetas em ensaios in vitro

Grupo	O medicamento	Concentração do anticoagulante, unidades/tempo em segundos				
		0,2	0,3	0,4	0,5	0,6
0	Geparina	59,4	44,2	>300	126	>300
1	Grupo político	-	-	-	-	-
2	Grupo político	59,4	44,2	>300	128	>300
3	Grupo político	49,4	40.4	>300	120	>300
4	Grupo político	-	-	-	-	-
5	Grupo político	-	-	-	-	-

*Controlo, com solução salina 18,8±2,0 seg.

Como mostram os dados relativos ao tempo de trombina no Quadro 9, a heparina e as preparações das glândulas salivares da carraça *A. persicus* tiveram o maior efeito nas concentrações de 0,6-0,3ED.

Efeito de amostras anticoagulantes no tempo de trombina em diferentes concentrações no plasma de rato pobre em plaquetas em ensaios in vitro

Grupo	O medicamento	Concentração do anticoagulante, unidades/tempo em segundos				
		0,2	0,3	0,4	0,5	0,6
0	Heparina	147	>300	>300	>300	>300
1	Grupo político	-	-	-	-	-
2	Grupo político	147	>300	>300	>300	>300

3	Grupo político	147	>300	>300	>300	>300
4	Grupo político	-	-	-	-	-
5	Grupo político	-	-	-	-	-

*Controlo, com solução salina 15,6±1,0 seg.

A presença de um anticoagulante na glândula salivar da carraça sugadora de sangue *A. persicus* estudada *foi* demonstrada através de testes modernos. Além disso, esta questão não foi investigada ao nível do extrato total da glândula salivar de *A. persicus,* mas após o seu fracionamento preliminar em componentes proteicos individuais. Com base nestes resultados, é possível utilizar o extrato glandular da carraça como fonte de novas substâncias anticoagulantes, que poderiam então ser utilizadas na prática médica.

Mostrámos também que nem todas as fracções de proteínas têm propriedades anticoagulantes, mas que duas delas (2 e 3 em cinco) têm. Estes resultados sugerem que existem componentes proteicos específicos no extrato da glândula mamária que são responsáveis pelo seu efeito anticoagulante. É evidente que existe um interesse em caraterizar estrutural e funcionalmente estes componentes proteicos, o que permitiria a sua síntese para utilização na prática médica. Neste sentido, este estudo é muito prometedor para o desenvolvimento de uma nova geração de anticoagulantes.

CAPÍTULO VI. SUBSTÂNCIAS BIOACTIVAS PRESENTES NAS SECREÇÕES SALIVARES DAS CARRAÇAS IXODÍDEAS E O SEU EFEITO TÓXICO NO ORGANISMO HOSPEDEIRO

Sabe-se que as carraças Ixodes se alimentam do sangue do seu hospedeiro durante vários dias e que as suas picadas são acompanhadas de um exsudado patológico, provavelmente devido à ação de componentes bioactivos da saliva da carraça. Pensa-se que os produtos tóxicos da saliva passam para a corrente sanguínea a partir do local primário da lesão e, consoante a dose, podem causar sintomas de envenenamento geral do organismo (Pavlovsky e Alfeeva, 1941, 1949). Além disso, a saliva das carraças ixódicas tem propriedades anticoagulantes e enzimáticas (Kazakov et al., 2003; Motoyashiki et al., 2003; Tu et al., 2005).

A literatura disponível fornece provas directas e indirectas da presença de toxinas nas glândulas salivares das carraças. No entanto, muitas espécies de carraças ainda não foram suficientemente estudadas a este respeito. É o caso, nomeadamente, das carraças Ixodes, originárias do Uzbequistão.

4.1 Estudo do efeito tóxico das secreções das glândulas salivares dos ácaros Hyalomma e Boophilus nos organismos animais

As glândulas salivares (100 de cada) das carraças foram primeiro separadas do corpo para obter um homogenato. O homogenato obtido foi deixado num tubo de ensaio durante 2 horas para extrair as substâncias biologicamente activas. O homogenato foi depois centrifugado durante 10 minutos a 1000 rpm para obter um sobrenadante. O sobrenadante obtido foi liofilizado segundo o método tradicional do azoto líquido. O material obtido foi utilizado para estudos experimentais. Foram utilizados extractos de três espécies de ácaros, *Hyalomma asiaticum, H. anatolicum* e *Boophilus calcaratus.*

A determinação da toxicidade em ratos e ratazanas brancos mostra que estas duas espécies de sangue quente têm uma sensibilidade quase igual à secreção tóxica das carraças - o valor LD50 para a saliva da carraça *Boophilus calcaratus* foi de 100 mg/kg, *Hyalomma anatolicum* - 170 mg/kg e *H. aciaticum* - 160 mg/kg. O veneno das carraças ixodídeas tem um efeito fosfolipásico, proteásico, hemorrágico e neurotóxico, sendo o efeito neurotóxico predominante sob a forma de intoxicação. Os animais de laboratório morrem com sintomas de paralisia, convulsões e dificuldades respiratórias. Estes dados são motivo suficiente para classificar as carraças Ixodes estudadas no grupo dos artrópodes tóxicos (Kazakov, 2010).

O veneno do ácaro *Boophilus calcaratus* causou, em concentrações relativamente baixas (até 170 μg/mL de proteína), uma estimulação da respiração de Mx nas fases metabólicas 2 e 4, mas quase não teve efeito no consumo de oxigénio na fase 3, que foi acompanhado por uma diminuição nos valores de DA e ADP/O. No entanto, a uma dose de veneno de 250 μg/ml, a fosforilação oxidativa de Mx foi quase completamente interrompida. Como pode ser visto a partir dos dados obtidos, o EDTA a uma concentração de 5 mM só foi capaz de reverter parcialmente o efeito do veneno total. Assim, enquanto o veneno a uma dose de 250 μg/mg de proteína inibiu a respiração mitocondrial em 60% no estado 3 e o valor DC em 62%, esta inibição na presença de EDTA foi de 30% e 45% do valor de controlo, respetivamente. Portanto, além da fosfolipase A, outros componentes ativos de membrana estão presentes na composição do veneno do ácaro e podem influenciar os parâmetros de respiração e fosforilação oxidativa.

Durante o fracionamento no Sephadex G-75, o veneno da carraça *Boophilus calcaratus* foi dividido em 4 fracções proteicas. A fração I do veneno, numa dose de 500 μg/ml, inibe a respiração do Mx na fase 3 e - em menor grau - aumenta a respiração na fase 4.

Para a fração II da secreção salivar da carraça (250 μg/ml), verificou-se um forte aumento da taxa de respiração do Mx no estado 4 e um efeito dissociativo na fosforilação oxidativa. Esta fração também aumentou simultaneamente a respiração de Mx no estado 3 em pequena escala (até 25%). Nestas experiências, o aumento da respiração no estado 4 provocado pela fração II do veneno da carraça merece uma atenção especial. Dados preliminares sugerem que esta fração tem uma atividade de fosfolipase que pode causar tal efeito.

Em experiências com o Mx utilizando a fração III do veneno da carraça, verificámos que não era muito eficaz, com apenas uma ligeira inibição da respiração do Mx a uma concentração de 500 µg/ml desta fração. A fração IV da secreção tóxica das glândulas salivares da carraça é de particular interesse. Observa-se uma estimulação da respiração do Mx quando esta fração é exposta e já se observa um efeito percetível a uma concentração de 50 µg/ml, que aumenta ainda mais com a concentração até 500 µg/ml.

De um modo geral, o extrato da glândula salivar da carraça e as fracções dele isoladas são muito semelhantes ao veneno de caracourt em termos do tipo de ação ao nível do Mx (Kazakov et al., 2003; Kazakov, 2010).

Do exposto resulta que uma comparação das propriedades activas da membrana das secreções venenosas das carraças ixodais é de algum interesse.

As experiências com a BLM mostraram que a adição de 10 µg/mL de toxina acarina de *Boophilus calcaratus* a um dos compartimentos da célula experimental resultava num aumento da condutividade da BLM de várias ordens de grandeza. Um novo aumento da quantidade de veneno foi acompanhado por uma redução do tempo médio de vida da membrana, ou seja, a membrana foi desestabilizada e destruída. Uma das razões para esta desestabilização e destruição poderia estar ligada à atividade da fosfolipase no veneno estudado.

A investigação da condutividade das membranas modificadas no modo de fixação do potencial de membrana mostrou que a exposição ao veneno em pequenas quantidades (2-M µg/mL) causa um aumento acentuado na condutividade da BLM (Figura 6). Por conseguinte, o veneno do ácaro forma efetivamente canais discretos de condução de iões na BLM.

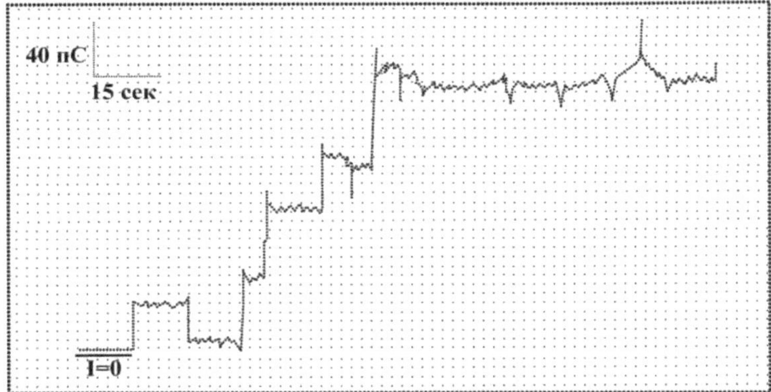

Figura 6: Registos de fluxo através de canais formados pelo veneno da carraça *Boophilus* calcaratus *(2+4* μg/mL). Meio: 100 mm de câmara de ar, 5 mm de Tris-NS1, ph 7,5.

A fim de identificar o componente que forma o canal, o veneno da carraça *B. calcaratus* foi fraccionado em Sephadex G-75. Nestas condições, o veneno como um todo foi dividido em quatro fracções contendo componentes proteicos com as seguintes massas moleculares: Fração I - 100 kDa ou menos; Fração II - 60-70; Fração III - 30-40; Fração IV - 5-6 kDa. Destas fracções, apenas a fração IV apresentou propriedades membranares activas acentuadas, causando um aumento discreto da condutividade da BLM, ou seja, a formação de canais individuais.

Os canais induzidos pela fração IV do veneno da carraça no BLM têm, portanto, uma seletividade catiónica idêntica em todos os aspectos aos canais iónicos formados pelo veneno no seu conjunto.

É de notar que tanto a fosfolipase como a neurotoxina do veneno da carraça podem ser estruturalmente diferentes dos análogos mais activos do veneno de outros animais, o que constitui, sem dúvida, um aspeto importante da toxicologia molecular e exige mais estudos específicos. O anticoagulante foi purificado num processo em duas fases utilizando a cromatografia em coluna Sephadex G-75. A presença do anticoagulante nas fracções tóxicas foi verificada através da medição do tempo de coagulação do plasma. As fracções activas foram ainda purificadas por cromatografia em coluna DEAE - SEPHADEX A-25. O veneno bruto foi purificado até ficar numa forma homogénea em relação aos marcadores de peso. O peso molecular do componente cararato de cálcio foi de 14.500 Da. Este anticoagulante pode ser utilizado na medicina prática para a prevenção de doenças cardiovasculares.

CONCLUSÃO

As carraças da superfamília Ixodoidea são um grupo de artrópodes hematófagos altamente especializados. As carraças Ixodoidea caracterizam-se pelo seu tamanho gigantesco, pela sua capacidade de absorver grandes quantidades de sangue e de tecidos vertebrados lisados e pela sua excecional fecundidade. A perfeição das adaptações dos argas e dos ácaros ixodóides ao parasitismo temporário em vertebrados terrestres distingue-os claramente de outros grupos de artrópodes.

O papel prático das carraças ixodóides é determinado pelo seu envolvimento na transmissão de agentes patogénicos das infecções e infestações mais perigosas transmitidas por vectores aos seres humanos e aos animais de criação, bem como pelas graves consequências do seu parasitismo. A melhoria dos métodos e meios de proteção contra as infestações por carraças sugadoras de sangue, o seu controlo e os agentes patogénicos que transmitem estão a estimular a investigação sobre a ecologia, a faunística e a taxonomia dos ectoparasitas, bem como sobre vários aspectos da sua importância em medicina veterinária. Para além destas direcções tradicionais, os trabalhos sobre a morfologia, a biologia e o ciclo de vida dos argasídeos estão a tornar-se cada vez mais importantes. O estudo experimental de vários aspectos da atividade vital dos ácaros exige estudos aprofundados, realizados a um nível moderno, que forneçam informações sobre o funcionamento do sistema parasitário "ácaro-vertebrado" em determinadas regiões.

O tema da investigação é escolhido com base nas circunstâncias acima referidas.

Nas carraças argasídeas, cuja maioria das espécies se caracteriza por um tipo de parasitismo do tipo "nidificação-nidificação", a quantidade de sangue ingerido uma vez e a fecundidade excedem claramente indicadores semelhantes nos ácaros gamazido-hemófagos, mas são inferiores aos das carraças ixodídeas com um tipo de parasitismo mais perfeito do tipo pasto-sub-bosque (Balashov, 1967).

Os estudos demonstraram que os ácaros Argas estão disseminados nas cenoses terrestres do Usbequistão como ectoparasitas de animais domésticos e selvagens. Estão representados por 6 espécies pertencentes a dois géneros e duas subfamílias. Verificou-se que os representantes do género *Argas* parasitam principalmente galinhas domésticas, perus e pombos. A infestação total das aves variou de 5,3 a 84,6%, com uma intensidade de infestação de 9 a 54 indivíduos.

Na maioria dos casos, os ácaros do género *Argas* não são estritamente específicos de determinadas espécies ou grupos de animais hospedeiros. Estão presentes tanto em aves como em mamíferos. Uma situação semelhante foi observada em populações de espécies do género *Ornithodoros*, que podem parasitar diferentes grupos de animais. Neste contexto, vale a pena *mencionar* a particularidade do ácaro *Ornithodoros lahorensis*, que só parasita ovinos.

O complexo de ácaros da arara, como ectoparasita, tem consequências graves para o organismo hospedeiro. A elevada intensidade de predação dos ácaros provoca perdas de sangue consideráveis nos vertebrados. Os componentes bioactivos das secreções das glândulas salivares, injectados pelas carraças no organismo hospedeiro, podem provocar a intoxicação dos animais, com todas as consequências que daí advêm. Além disso, a frequência de infestações humanas por argas está a aumentar, sublinhando o seu papel epidemiológico tanto em zonas naturais como urbanas.

Um aspeto extremamente importante do trabalho é o estudo de substâncias bioactivas nas secreções das glândulas salivares dos ácaros Argas. Como demonstrado por estudos experimentais, a fosfolipase A, a protease e outras substâncias activas foram isoladas da composição das secreções das glândulas salivares de espécies do género *Argas*. Foram determinadas as propriedades anticoagulantes e relaxantes de certas fracções isoladas da saliva dos ácaros.

Os resultados do estudo das substâncias bioactivas biologicamente nocivas presentes nas secreções das glândulas salivares do *Boophilus calcaratus* revelam também certos efeitos sobre as membranas mitocondriais do hospedeiro. Em concentrações baixas (até 170 μg/ml de proteína), o veneno da carraça *B.* calcaratus estimula a respiração mitocondrial nos estados 2 e 4, mas não tem qualquer efeito no consumo de oxigénio no estado 3, que é acompanhado por uma diminuição dos valores de DA e ADP/O. No entanto, uma dose de veneno de 250 μg/ml suprime completamente as funções de síntese de ATP das mitocôndrias, e este efeito do veneno é evitado quando se adiciona EDTA ao meio. [2+]Isto indica um papel importante para as fosfolipases e outras hidrolases e provavelmente uma neurotoxina pré-sináptica contida no veneno estudado, bem como a sua dependência do nível de Ca ionizado no meio.

Verificou-se que o veneno das carraças *B.* calcaratus tem a capacidade de induzir canais iónicos individuais na BLM e de modificar eficazmente as funções mitocondriais dependentes da membrana (Kazakov, 2010).

Durante o fracionamento no Sephadex G-75, o veneno da carraça *B.* calcaratus é dividido em 4 fracções proteicas. Neste caso, apenas a fração IV de baixo peso molecular forma canais no BLM. Este péptido de baixo peso molecular é provavelmente o principal componente formador de canais do veneno como um todo.

O fracionamento por cromatografia em coluna de duas fases em Sephadex G-75 e DEAE-Sephadex A-25 foi utilizado para isolar um componente purificado, a calcaratina, com uma massa molecular de 14 500 Da, do veneno de carraças *B.* calcaratus (Tu et al., 2003; Kazakov, 2010).

As carraças são agentes hematófagos obrigatórios e vectores de agentes patogénicos para os animais selvagens e domésticos, bem como para os seres humanos. A este respeito, os resultados dos testes experimentais e de produção de novos acaricidas merecem uma atenção especial. As preparações testadas, em particular os acaricidas de origem vegetal e fúngica, abrem amplas perspectivas para a criação de novas classes de medicamentos e para a sua utilização generalizada na luta contra os ácaros sugadores de sangue -

ectoparasitas dos animais e dos seres humanos.

Agradecimentos

Os autores gostariam de agradecer aos colaboradores do Laboratório de Parasitologia Geral do Instituto de Botânica e Zoologia da Academia das Ciências da República do Uzbequistão e do Laboratório de Química de Proteínas e Péptidos do Instituto de Química Bioorgânica da Academia das Ciências da República do Uzbequistão pelo seu apoio na realização dos estudos experimentais. O trabalho foi realizado no âmbito dos projectos fundamentais da Academia das Ciências da República do Usbequistão FA-F5-T230 e EF5-FA-O17793 (2012-2016).

LITERATURA

1. Abdurasulov Sh.A. Desenvolvimento da fonte de cultura *Theileria annulata* TAU-219 nos tiques do género *Hyalomma* : Tese de doutoramento ...
... Candidato em ciências biológicas. - Tashkent, 2006 - 23 c.

2. Agrinsky N.I. Insectos e ácaros nocivos aos animais de criação. - Moscovo, 1962 - 288 c.

3. Alekseev A.N., Kondrashova Z.N. The arthropod organism as a habitat for pathogens. - Sverdlovsk: "Nauka", 1985. - 177 c.

4. Alexeev A.N. O sistema patogénico da carraça e as suas propriedades emergentes. - São Petersburgo, 1993 - 205 c.

5. AmosovaL .I. Microscopia eletrónica comparativa
Estudo das glândulas salivares de ácaros parasitas e de vida livre // Actas do IV Congresso Pan-Russo "Parasitologia no século XXI - problemas, métodos, soluções". - São Petersburgo, 2008 - Vol. 1 - C. 15-19.

6. Balashov Y.S. Carraças sugadoras de sangue (Ichosiisiae) - vectores de doenças humanas e animais. - Leningrado: "Nauka", 1967 - 320 c.

7. Balashov Y.S. Relações entre artrópodes parasitas e hospedeiros com vertebrados terrestres. - Leningrado, Izd. "Nauka", 1982 - C. 345.

8. Baluda V.P. - Métodos laboratoriais para o estudo do sistema hemostático. Tomsk, 1980, 310 p.

9. Belozerov V.N. Dinâmica das trocas gasosas durante o desenvolvimento de carrapatos ixodiais (Acarina, Ixodidae) // Journal Entomological Review. - Moscovo, 1966 - № 3 - C. 509-520.

10. Bogdanova E.N. Les processus de synanthropisation des tiques et leur importance épidémiologique // Actas do IV Congresso Pan-Russo "Parasitology in the XXI century problems, methods, solutions" - São Petersburgo, 2008. - Vol. 1. - C. 80-84.

11. Galuzo I.G. Argas mites (Argasidae) and their epizootological importance. Alma-Ata, 1957 - 129 p.

12. Ginetsinskaya T.A., Dobrovolsky A.A. Parasitologia privada. Vermes parasitas, moluscos e artrópodes. - Moscovo, "Vysshaya Shkola", - 1978. Kn. 2. - P. 168-279.

13. Kazakov I., Abubakirova M., Reimbayeva R., K.T., Almatov, Azimov D.A., Anthony T. Tu. Efeito de diferentes fracções do veneno da carraça *Boophilus calcaratus* na fosforilação oxidativa das mitocôndrias do fígado de rato // Izvestiya Vuzov. - Tashkent, 2003. - №1 - 2. - C. 94 - 98.

14. Kazakov I., Abubakirova M., Reimbayeva R., Azimov D.A., Mirkhodjaev U.Z. Animais venenosos do Uzbequistão e prevenção de suas mordidas // Nukus, 2010. C. - 56.

15. Kazakov I. Caracterização comparativa da atividade membranar das secreções de animais peçonhentos do Uzbequistão: autorref. dissertação de doutoramento em ciências biológicas. -
Tashkent, 2010 - 50 c.

16. Kennedy K. Parasitologia ecológica. - Moscovo, 1978 - 232 c.

17. Kogan A.V., Shitov S.I. Técnica de experiências fisiológicas. - Moscovo, "Vysshaya Shkola", - 1967. -565 c.

18. Kuzibayeva H. Ácaros escavadores do género *Alectorobis* e sua importância como vectores de espiroquetas no Uzbequistão : autoref. diss.... Candidato em ciências biológicas. -
Tashkent, 1964. -21 c.

19. Kuzibaeva H. On distribution and ecology of the mite of the genus *Argas* Latr., 1796 in the Fergana Valley // In the collection Ecology and biology of animals of Uzbekistan. Tashkent, 1969.-C. 75-478.

20. Kuklina T.E. Fauna das carraças ixodiais do Uzbequistão. - Tashkent, "Fan", - 1976. - 146 c.

21. Magomedova S.A. Carraças e insectos - vectores de agentes patogénicos de doenças infecciosas humanas nas planícies e no sopé do Daguestão: tese de doutoramento candidata em ciências biológicas. - Makhachkala, 2004. -25 c.

22. Malygin V.A., Alekseev A.N. Changes in gas exchange in the mite *Hyalomma asiaticum P.Sch. et Schl.* 1929 as a function of environmental conditions // Zoological Journal. - Moscovo, 1987. №39(2). - C. 297-299.

23. Mirzaeva A.U., Kazakov I., Abubakirova M.I., Bekmirzaev M.H., Bekmuradova N.T. Trocas gasosas em carraças da família Argasidae // UzMU habarlari. - Toshkent, 2011 - C. 130-131.

24. Muratbekov Y.M. Sobre a questão da zoogeografia das carraças ixodídeas da região de Tashkent // Proc. do Instituto de Zoologia e Parasitologia. Instituto de Zoologia e Parasitologia. Sb. de parasitologia. - Tashkent, 1954 - C. 65.

25. Muratbekov Y.M. Sobre a questão da fauna de parasitas externos de animais domésticos e selvagens na aldeia do delta do Amu Darya // Materiais da conferência sobre as forças produtivas do Uzbequistão. -Tashkent, 1959. 10 - C. 25-28.

26. Muratbekov Y.M. Fauna de ectoparasitas no sopé do distrito de Khavast // Proc. da Academia de Ciências do Uzbequistão. Uzbeque. Instituto de Epidemiologia e Microbiologia, com o nome de A.M. Mukhtarov, - 1949. 10° aniversário da medicina soviética, - 1949. - C. 33-34.

27. Muhammedkulov M. On the fauna of ixodians and argas ticks of birds in the Zarafshan valley // Second Acarological Meeting. Kiev: Naukova Dumka, 1970.-C. 90-92.

28. Nadyrov S.A. Dinâmica da infestação de carrapatos sugadores de sangue no gado em condições da região de Tashkent // Na coleção: Vopros. biol. e medicina regional. - Tashkent: Academia de Ciências da URSS, 1962 - Edição. 3. - C. 37.

29. Orlov B.N., Gelashvili D.B. Zootoxicologia: Animais venenosos e seus venenos. - M.: Vysshaya Shkola, 1985 - C. 75-92.

30. Pavlovsky E.N., Alfeeva SP. Alterações patológicas e histológicas na pele do gado após a picada da carraça Ixodes ricinus // Proc. da Academia Médica Militar. Academia de Medicina Militar, com o nome de S.M.Kirov -

1941 - n° 25 - p. 153-160.

31.   Pavlovsky E.N., Alfeeva SP. Patologia comparativa da pele de mamíferos em picadas de carrapatos. O efeito da mordida de ácaros Nuaiotta na pele de touro, vaca, cabra e cachorro // Izv. AS USSR, ser.biol.- 1949.- № 6.-P.709-715.

32. Podboronov V.M., Podboronov A.M. Lisozima e outros fatores antibacterianos de artrópodes parasitas e seu efeito sobre microorganismos patogênicos. - Moscovo, 1993 - C. 291.

33. Pospelova - Shtrom M.V. Carraças - ornitorrincos e sua importância epidemiológica. - Moscovo, Izd, Academia de Ciências da URSS, 1953. - 102 c.

34. Rasulov I.H., Askarkhodjaeva Abdurasulov S.A. Experimentos sobre a invasão do carrapato *Hyolamma anatolicum*, cepa atestada *Theileria annulata* TAU-219 // "Problemas de aracnologia veterinária no novo milênio" Proc. da Conferência Científica Interdisciplinar - Tyumen, 2001. - C. 218-221.

35. Rasulov I.H., Abdurasulov S.A., Nazrullaeva M.F. Ixodofauna e taxonomia das carraças vectoras da piroplasmidose bovina nas zonas irrigadas das regiões de Syrdarya e Jizzak // Problemas actuais de parasitologia. Materiais da conferência científica e prática - Karshi, 2003. - C.110 - 114.

36.   Serzhanov O.S. Ixodes ticks of Karakalpakstan and their epidemiologic and epizootologic importance : autoref. dissertation ...kand.biol.nauk. - Nukus, 1964. -23 c.

37.   Stefanova A.V., Étude préclinique de l'innocuité des médicaments. Preclinical study of antianemic agents, anticoagulants and fibrinolytics, State Pharmacological Center, ed. - Kiev , 2002, p. 310-326.

38.   Uzakov U.Y. Ácaros Ixodes do Uzbequistão. Tashkent: Fan, 1972 - 302 c.

39.   Uzokov U.Y. Ixodes mites of Uzbekistan. Tashkent: Fan, 1974 - 304c.

40.   Shashina N.I. Base científica do desenvolvimento de meios de proteção

individual das pessoas contra o ataque de carraças ixodovyh - portadores de doenças perigosas: Resumo da tese de doutoramento .cand.biol.nauk. - Moscovo, 2007. -4-11 c.

41. Shevkoplyas V.N. Thermoaerosols "Tatsik" para a proteção de animais de criação contra parasitas temporários: Mosquitos, moscas, piolhos, ácaros da galinha e ácaros persas: resumo da tese. Candidato em ciências biológicas. - Moscovo, 2002 - 5-9 c.

42. Abdel-Shafy, S., Soliman M.M., Habeeb S.M. Efeito acaricida *in vitro* de alguns extractos brutos e óleos essenciais de plantas selvagens contra certas espécies de carraças // J. Acarol. Acarol. XLVII - Irão, 2007 - V. (1-2). - P. 33-42.

43. Abduz Zahir, A., Abdul Rahuman A., Kamaraj C., Bagavan A., Elango G., Sangaran A., Senthil Kumar B.. Determinação laboratorial da eficácia de extractos de plantas indígenas para o controlo de parasitas // Parasitol. Res. - 2009. - V. 105. - P. 453-461.

44. Ahmed J., Alp H., Aksin M., Seitzer U. Situação atual das carraças na Ásia // Parasitol. Res. 2007 - V. 101(2). - P. 159-162.

45. Al-Rajhy D.H., Al-Ahmed A.M., Hussein H.I., Kheir S.M., Acarizidal effects of cardiac glycosides, azadirachtin and neem oil against the Camel tick, *Hyalomma dromedarii* (Acari: Ixodidae) // Pest. Manag. Sci. - 2003. - V. 59. - P. 1250-1254.

46. Anderson J.F., Magnarelli L.A. Biologia da carraça // Infect. Disease Clinics of North America. - 2009. - V. 22(2). - P. 195-215.

47. Andrade B.B., Teixeira C.R., Barral A., Barral-Netto M. Saliva de artrópodes hematófagos e o sistema de defesa do hospedeiro: uma história de lágrimas e sangue //Anais da Academia Brasileira de Ciências. - 2005. - V. 77(4). - P. 665-693.

48. Andrew Y.L., Davey R.B., Miller R.J., George J.E. Deteção da caraterização da resistência ao amitraz na carraça do gado do sul, *Boophilus microplus* (Acari, Ixodidae) // J. Med. Med. Entomol. - 2004. - V. 41. - P. 193-

200.

49. Baker A.S., Craven J.C. Hecklist dos ácaros (Arachnida: Acari) associados aos morcegos (Mammalia: *Chiroptera*) nas Ilhas Britânicas // Syst. Appl. Acarol. Spec. Publ. 2003 - V. 14. - P. 1-20.

50. Bergstrom, S., Haemig, P.D., Olsen B. Aumento da mortalidade de crias de albatroz-de-sobrancelha-preta numa colónia fortemente infestada pela carraça *Ixodes* uriae // Int. J. Parasitol. - 1999. - V. 29. - P. 1359-1361.

51. Bowman A.S., Sauer J.R. Tick salivary glands: function, physiology and future // Parasitol. - 2004. - V. 129. - P. S67-S81.

52.Bowman A.S. Tick salivary prostaglandins: presence, origin and importance // Parasitol, 1996 - V. - 12. - P. 388 - 396.

53. Brossard M., Wikel S.K. Immunobiologie des tiques // Parasitol. - 2004. - V. 129. - P. S161-S176.

54. Cairoll J.F., Solberg V.B., Klun J.A., Kramer M., Debboun M., Comparative activity of the repellents Deet and AI3-37220 against the ticks *Ixodes ascapularis* and Ixodes ascapularis.
Amblyomma americanum (Acari: Ixodidae) em bioensaios laboratoriais // J. Med. Med. Ent. - 2004. - V. 41. - P. 249-254.

55. Chandler D., Davidson, G., Pell J.K., Ball B.V., Shaw K., Sunderland K.D. Fungal biocontrol of Acari // Biocontrol science and technology. - 2000. - V. 10. - P. 357-384.

56. Chinikara S., Ghiasia S.M., Hewsonc R., Moradia M., Haeri A. Crimean-Congo haemorrhagic fever in Iran and neighbouring countries // J. Clinical Virol. Clinical Virol. - 2010. - V. 47. - P. 110-114.

57. Chmelar J., Oliveira C.J., Rezacova P., Francischetti I.M., Kovarova Z., Pejler G., Kopacek P., Ribeiro J.C., Mares M., Kopecky J., Kotsyfakis M. A tick salivary protein targets cathepsin G and chymase and inhibits host inflammation and platelet aggregation // Blood. - 2011. - V. 117(2). - P. 736-744.

58. Choudhary R.K., Asanthi V.C., Latha B.R., John L. Efeito *in vitro* do

extrato aquoso de Nicotiana tabacum sobre as carraças Rhipicephalus haemaphysaloides // Ind. J. Anim. Sci. - 2004. - V. 74(7). - P. 730-731.

59. Chungsamarnyart N., Jansawan W., Efeito de *Tamarindus indicus L.* contra *Boophilus microplus* // Kasetsart J. Narur. Sci. Kasetsart Umv. - 2001. (Banguecoque, Tailândia). - V. 35(1). - P. 34-39.

60. Chungsamarnyart N., Ratanakreetakul C., Jansawan W. Atividade acaricida da combinação de extractos brutos de plantas para carraças de gado tropical // Kasetsart J. Narur. Sci. - 1994. - V. 28(4). - P. 649-660.

61. Corral-Rodriguez M.A., Macedo-Ribeiro S., Pereira B.P.J., Fuentes-Prior P. Tick-derived Kunitz-type inhibitors as antihemostatic factors // Insect. Biochimie. Mol. Biol. 2009. - V. 39(9). - P. 579-95.

62. Dautel H., Sistemas de teste para repelentes de carraças // J. Med. Med. Mic. - 2004. - V. 293. - P. 182-188.

63. Dennis D.T., Piesman J.F., Overview of tick-borne infections of humans, In tick-borne diseases of humans, D.T.D. Goodman J.L., Sonenshine D.E.. Am. Soc. Micr. Press: Washingtion, DC. - 2005. - P. 3-11.

64. Donat J.R., Donat J.F. Paralisia da carraça com fraqueza persistente e anomalias electromiográficas // Arch. Neurol. - 1981. - V. 38. - P. 59-61.

65. Drummond R.O. Doenças do gado transmitidas por carraças e seus vectores. Controlo químico das carraças // Wld. Anim. Rev (FAO). - 1983. - V. 36. - P. 28-33.

66. Durden L.A., Mclean R.G., Oliver J.H., Ubico S.R., James A.M., Carraças, espiroquetas da doença de Lyme, tripanossomas e anticorpos contra vírus da encefalite em aves selvagens da costa da Geórgia e da Carolina do Sul // J. Parasitol. Parasitol. - 2001. - V. 83. - P. 11781182.

67. Dusba'bek F., Rupes V., Sbreveimek P., Zahradni'ckova' H. Reforço da eficácia da permetrina em misturas acaricida-atraente para controlo da carraça das aves *A. persicus* (Acari: Argasidae) // Exp. Exp. Appl. Acarol. - 1997. - V. 21(5). - P. 293305(13).

68. Dutra V., Nakazato L., Broetto L., Schrank S.I., Vainstein H.M.,

Schrank A. Aplicação da análise de diferenças de representação para a identificação de etiquetas de seqüências expressas por *Metarhizium anisopliae* durante o processo de infeção da cutícula do carrapato *Boophilus microplus* // Res. Microbiol.- 2004. - V. 155. - P. 245-251.

69. Estrada-Pena A., Bouattour A., Camicas J.L., Walker A.R.. Carraças em animais domésticos na região mediterrânica. Um guia para a identificação de espécies // Univ. Zaragoza, Espanha. - 2004. - P. 131.

70. Estrada-Pena A., Mangold A.J., Nava S., Venzal J.M. A review of the systematics of the tick family Argasidae (*Ixodida*) // Acarol. - 2010. - V. 50(3). - P. 317-333.

71. Estrada-Pena A., Venzal J.M., Gonzalez-Acuna D., Mangold A.J., Guglielmone A.A. Notes on new world persicargas ticks (Acari: Argasidae) with description of female *Argas* (*P.*) *keiransi* // J. Med. Med. Entomol. - 2006. - V. 43(5). - P. 801-809.

72. Fernandes, F.F., Alessandro W.B.D., Edmeia F.P.S. Toxicidade do extrato de *Magonia pubescens* (Sapindales: *Sapindaceae*) St.Hil. no controlo da carraça castanha do cão, Rhipicephalus sanguineus (Latreille) (Acari: *Ixodidae*) Neotro // Entom. - 2008. - V. 37(2). - P. 205-208.

73. Foil L.D., Coleman P., Eisler M., Fragoso-Sanchez H., Garcia-Vazques Z., Guerrero F.D., Jonsson N.N., Langstaff I.G., Li A.Y., Machila N. Factores que influenciam a prevalência da resistência aos acaricidas e das doenças transmitidas por carraças // Veter. Parasitol. - 2004. - V. 125. - P. 163-181.

74. Francischetti I.M. Sa-Nunes A., Mans B.J., Santos I.M., Ribeiro J.M. The role of saliva in tick feeding // Front. Biosci. - 2009. - V. 14. - P. 2051-2088.

75. Frazzon G.A., Vaz Jr. S.I., Masuda A., Schrank A., Vainstein H.M. Avaliação *in vitro de* isolados de *Metarhizium anisopliae* para o controlo da carraça do gado *Boophilus microplus* // Vet. Parasitol. - 2000. - V. 94. - P. 117-125.

76. Frenandez-Ruvalcaba M., Cruz-Vazquez C., Solano-Vergara J.,

Garcia-Vazquez Z. Efeitos anti-carraça de Stylosanthes humilis e Stylosanthes hamata em parcelas experimentalmente infectadas com larvas *de Boophilus microplus* em Morelos, México // Hxp. Appl. Acarol. - 1999. - V. 23(2). - P. 171-175.

77. Fry B.G., Roelants K., Champagne D.E., Scheib H., Tyndall J.D., King G.F., Nevalainen T.J., Norman J.A., Lewis R.J., Norton R.S., Renjifo C., Rodriguez de la Vega R.C. The Toxicogenomic multiverse: Convergent protein recruitment in animal toxins // An. Rev. Genom. Human Gen. - 2009. - V. 10. - P. 483-511.

78. Fukumoto S., Sakaguchi T., You M., Xuan X., Fujisaki K. A molécula semelhante à troponina I é um potente inibidor da angiogénese // Microvasc. Res. - 2006. - V. 71. - P. 218-221.

79. Ghadeer M., Blank G., Han J.H., Hydamaka A., Holley R.A. Efficacy of trisodium phosphate, lactic acid and commercial antimicrobials against pathogenic bacteria on chicken skin // Food Protection Trends. - 2005. - V. 25. - P. 351-362.

80. Gindin G., Samish M., Zangi G., Mishoutchenko A., Glazer I. A suscetibilidade de diferentes espécies e fases das carraças aos fungos entomopatogénicos // Exp. Appl. Acarol. - 2001. - V. 8 - P. 283-288.

81. Gothe R. Tick paralysis: reasons for its occurrence during feeding with ixodides and argasides. Em Current topics in vetor research (ed. Harris K.F.) // Praeger Publishers (New York). - 1984. - V. 2. - P. 199-223.

82. Gothe R. Zecken toxikosen hieronyms // Munique, JSBN 3-88751-083-17. - 1999. - P. 377.

83. Gothe R., Neitz A.W.. "Tick paralysis: pathogenes and etiology", in Advances in disease vetor research, Harris K.F. Ed. // Springer (New York, NY, USA). - 1991. - V. 8. P. 177-204.

84. Guglielmone A.A., Robbins R.G., Apanaskevich D.A., Petney T.N., Estrada-Pena A., Horak I.G., Shao R., Barker S.C. The Argasidae, Ixodidae and *Nuttalliellidae* (Acari: Ixodidae) of the world: a list of valid species names

// Zootaxa. - 2010. - V. 2528. - P. 1-28.

85. Habbib S.M., Sewify G.H. Biological control of the fly *Argas* (*Persicargas*) *persicus* (Laterreille) by the entomopathogenic fungi *Beauveria bassiana* and *Metarhizium anisopliae* // Egypt. J. Biol. Pest. Contr. - 2002. - V. 12. - P. 1.

86. Habbib S.M. Conhecimento etno-veterinário e médico de extractos de plantas em bruto e dos seus métodos de aplicação (tradicionais e modernos) para controlar as carraças // World Appl. Scien. Scien. J. - 2010. - V. 11(9). - P. 1047-1054.

87. Harrow I.D., Gration K.A. F., Evans N.A. Neurobiology of arthropod parasites // J. Parasitology, 1991. Parasitologia, 1991. V. 102. - P. 59-69.

88. Hassanain M.A., Garhy M.F., Abdel-Ghaffar F.A., El-Sharaby A., Abdel Megeed K.N.. Estudos sobre o controlo biológico de carraças moles e duras no Egipto. I. O efeito de variedades de *Bacillus thuringiensis* em carraças moles e duras (Ixodidae) // Parasitol. Res. - 1997. - V. 83(3). - P. 209-213.

89. Hepburn N.J., Williams A.S., Nunn M.A., Chamberlain-Banoub J.C., Hamer J. et al. Caracterização *in vivo* e eficácia terapêutica de um inibidor específico de C5 da carraça *Ornithodoros moubata* // J. Biol. Biol. Chem. - 2007. - V. 282. - P. 82928299.

90. Hillyard P.D. Ticks of North-West Europe (Carraças do Noroeste da Europa). Synopses of the British Fauna (New series) No. 52 (ed. por R.S.K. Barnes e J.H. Crothers) Field Studies Council, Shrewsbury. - 1996. - P. 178.

91. Hornbostel V.L., Ostfeld R.S., Benjamin M.A. Efficacy of *Metarhizium anisopliae* (*Deuteromycetes*) against *Ixodes scapularis* (Acari: *Ixodidae*) engorging on *Peromnyscus leucopus* // J. Vect. Vect. Ecol. - 2005. - V. 30. - P. 91-101.

92. Jansawan W., Jittapalapong S., Jantaraj N. Efeito do extrato de Stemona collinsae contra as carraças do gado (*Boophilus microplus*) Kasetsart // J. Narur. Sci. -1993. - V. 27(3). - P. 336-340.

93. Jongejan F., Uilenberg G. A importância global das carraças //

Parasitol. - 2004. - V. 129. - P. S3-S14.

94. Kaaya G.P. Perspectivas de métodos inovadores de controlo de carraças em África // Ins. Scien. Appl. - 2003. - V. 23. - P. 59-67.

95. Kaaya G.P. The potential of anti-tick plants as components of an integrated tick control strategy // Ann. New York Acad. Sci. (USA). - 2000. - V. 916. - P. 576582.

96. Kaaya G.P., Mwangi EN., Malonza M.M. Atividade acaricida de extractos de plantas de Margaritaria discoidea (Euphorbiaceae) contra as carraças *Rhipicephalus appendiculatus* e *Amblyomma variegatum* (Ixodidae) // Intern. J. Acarol, - 1995. - V. 21(2). - P. 123-129.

97. Kandil O.M., Habeeb S.M., Nasser M.M. Efeito adverso dos extractos de Sorghum bicolor, anémona-do-mar, Cynobateria spp e Simmondsia chiinensis (Hohoba) na fisiologia reprodutiva da carraça fêmea adulta, *Boophilus annulatus* // Assiut. Vet. Med. J. - 1999. - V. 42. - P. 29-37.

98. Kanturk Yigit G. Um exemplo da febre hemorrágica da carraça do Congo (CTHF) no distrito de Eflani, Karabuk, Turquia // Investigação científica e ensaios. - 2011. - V. 6(11). - P. 2395-2402.

99. Kazakov I., Abubakirova M.E.. [th]On some biophysical traits of Ixodidae mites venoms // Abstracts 27 Pakistan congress of Zoology (International Congress) February 27 to March 1, 2007. Universidade Bahauddin Zakariya, Multan. - Hamdard Paquistão, 2007. P. 1.

100. Kazimirova M. Pharmacologically active compounds in tick salivary glands // Makarov S.E., Dimitrijevic R.N. (Eds.) Inst. zoologique, Belgrade ; BAS, Sofia ; Fac. Life Sci, Viena; SASA, Belgrado & UNESCO MAB Serbia. Viena - Belgrado. - Sófia, 2008. monografias. 12. - P. 281-296.

101. Khater H.F., Ramadan M.Y. O efeito acaricida do ácido peracético contra *Boophilus annulatus* e *A. persicus* // Ata Scientiae Veter. - 2007. - V. 35(1). - P. 29-40.

102. Khudrathulla M.D., Jagannath M.S. Biocontrolo de carraças ixodídeas pela leguminosa forrageira Stylosanthes scabra (Vogel) // Indian J. Animal. Sci.

- 1998. - V. 68(5). - P. 428-430.

103. Kinsey A.A., Durden L.A., Oliver Jr. Infestação de aves por carraças na costa da Geórgia e em Albama // J. Parasitol. Parasitol. - 2000. - V. 86. - P. 251-254.

104. Knipling E.F., Steelman C.D. Feasibility of controlling *Ixodes scapularis* ticks (Acari: Ixodidae), the vetor of Lyme Disease, by parasitoid augmentation // J. Med. Med. Entomol. - 2000. - V. 37. - P. 645-652.

105. Koh C.Y., Kazimirova M., Trimnell A., Takac P., Labuda M. et al. Variegin, um novo inibidor de trombina rápido e de ligação estreita da carraça tropical // J. Biol. Biol. Chem. - 2007. - V. 282. - P. 29101-29113.

106. Kumar R., Chauhan P.P., Agrawal R.D., Shankar D. Eficácia do composto ectoparasiticida à base de plantas AV/EPP/14 contra a infeção por carraças e lebres em búfalos e bovinos // J. Vet. Vet. Parasit. - 2000. - V. 14(1). - P. 67-69.

107. Lagos J.C., Thies R.E. Paralisia da carraça sem fraqueza muscular // Arch. Neurol. - 1969. - V. 21. - P. 471-474.

108. Lundh, J., Wiktehus D., Chirico J. Armadilhas impregnadas de azadiractina para controlar Dermanyssus gallinae // Vet. Parasitol. - 2005. - V. 130. - P. 337-42.

109. Lysyk T.J., Majak W., Veira D.M. Pre-feeding Dermacentor andersoni (Acari: Ixodidae) to cattle previously exposed to ticks may prevent detection of tick-induced paralysis by the hamster bioassay // J. Med. Med. Entomol. - 2005. - V. 42(3). - P. 376-382.

110. Magano S.R., Thembo K.M., Ndlovu S.M., Makhubela N.F.. Propriedades anti-carrapatos dos extractos de raiz de Senna italica subsp. Arachoides // Afnc. J. Biotech. - 2008. - V. 7(4). - P. 476-481.

111. Mans B.J., Gothe R., Neitz A.W.. Biochemical insights into paralysis and other forms of toxicosis caused by ticks // Parasitol. - 2004. - V. 129. - P. S95-S111.

112. Mans B.J., Gothe R., Neitz A.W.H.. Biochemical insights into paralysis

and other forms of toxicosis caused by ticks // Parasitol. - 2002. - V. 129. - P. S95- S111.

113. Maritz C., Louw A. I., Gothe R., Neitz A.W.. Propriedades neuropatogénicas dos homogenatos de larvas de *Argas* (*Persicargas*) walkerae // Comp. Biochem. Physiol. 2001. - V. A 128. - P. 233-239.

114. Maritz-Olivier C., Stutzer C., Jongejan F., Neitz A.W., Gaspar A.R.. Tick-borne hemorrhagic fever: targets for future vaccines and therapeutics // Trends Parasitol. - 2007. - V. 23. - P. 397-407.

115. Martin C.J., Torres F., Quinones W., Cheverri F. Fitoquímicos e avaliação da ação biológica do Polygonum punctatum // Rev. Eatinoamericana de Quimica. - 2001. - V. 29(2). - P. 100-107.

116. Masina S., Broady K.W. Paralisia da carraça: desenvolvimento de uma vacina // Inter. J. Parasitol. - 1999. - V. 29. - P. 535-541.

117. Massoud A.M., Kutkat M.A., Abdel-Shafy S., El-Khateeb R. Eficácia acaricida da mirra commiphora molmol na mosca *A. persicus* (Acari: Argasidae) // J. Geophys. Egipto. Soci. Parasitol. - 2005. - V. 35(2). - P. 667-686.

118. Matovu H., Olila D., Acaricidal activity of Tephrosia vogelii Extracts on Nymph and Adult Ticks // Int. J. Trop. Med. - 2007. - V. 2(3). - P. 83-88.

119. Mawela K.G. The toxicity and repellent properties of plant extracts used in ethnoveterinary medicine to control ticks // Dissertação de Mestrado, Universidade de Pretória. - 2008. - P. 34-39.

120. Mbati P.A., Hlatshwayo M., Mtshali M.S., Mogaswane K.R., de Waal T.D., Dipeolu O.O.. Carraças e doenças transmitidas por carraças em animais de agricultores com poucos recursos no Estado Livre Oriental da África do Sul // Exp. Appl. Acarol. - 2002. - V. 28(1-4). - P. 217-224.

121. Miller R.J., Byford R.L., Smith G.S., Craig M.E., Vanleeuwen D. Influência da folhagem de snakeweed no ingurgitamento, fecundidade e fixação da carraça da estrela solitária (Acari: Ixodidae) // J. Agri. Agri. Entomol. - 1995. - V. 12(2/3). - P. 137-143.

122. Miller R.J., Davey R.B. and George J.E. First report of organophosphate-resistant *Boophilus microplus* (Acari, Ixodidae) in the United States // Med. Entomol. - 2005. - V. 42. - P. 912-917.

123. Montasser A.A., Gadelhak G.G., Tariq S. Impact of ivermectin on the ultrastructure of the testis of *Argas* (*Persicargas*) *persicus* (Ixodoidea: Argasidae) // Exp. Appl. Acarol. - 2005. - V. 36. - P. 119-129.

124. Motoyashiki T., Tu A.T., Azimov D.A., Kazakov I. Isolamento de um anticoagulante do veneno da carraça uzbeque *Boophilus calcaratus* // Thrombosis Research. - 2003. - V. 110. - P. 235-241.

125. Onofre S.B., Miniuk C.M., de Barros N.M., Azevedo J.L.. Patogenicidade de quatro cepas de fungos entomopatogênicos contra o carrapato bovino *Boophilus microplus* // Am. J. Vet. Res. - 2001. - V. 62. - P. 1478-1480.

126. Pandita N.N., Ram S. Control of ectoparasite infestations in country goats // Small ruminant research. - 1990. - V. 3. P. 403-412.

127. Pantaleoni R.A., Baratti M., Barraco L., Contini C., Cossu C.S., Filippelli M.T., Loru L., Romano M. *Argas* (*Persicargas*) *persicus* (Oken, 1818) (Ixodida: Argasidae) na Sicília com considerações sobre a sua distribuição em Itália e no Mediterrâneo ocidental // Parasite Dec - 2010. - V. 17(4). - P. 349-55.

128. Paveglio S.A., Allard J., Mayette J., Whittaker L.A., Juncadella I. et al. A proteína salivar da carraça, salp15, inibe o desenvolvimento de asma experimental // J. Immunol. Immunol. - 2007. - V. 178. - P. 7064-7071.

129. Pereira J.R., Famadas K.M., A eficiência de extractos de *Dahlstedtia pentaphylla* (Leguminosae, Papilionoidae, Millettiedae) sobre *Boophilus microplus* (Canestrini, 1887) em bovinos infestados artificialmente // Vet. Paras. - 2006. - V. 142. - P. 192-195.

130. Permin A., Esmann J.B., Hoj C.H., Hove T. Ecto-, endo- and haemoparasites in free-ranging chickens in the Goromonzi district of Zimbabwe // Prevent. Veter. Med. - 2002. - V. 45. - P. 237-245.

131. Peter R.J., van den Bossche P., Penzhorn B.L., Sharp B. Controlo de carraças, moscas e mosquitos - Lições do passado, soluções para o futuro // Vet. Parasitol. - 2005. - V. 132(3-4). - P. 205-215.

132. Pirali-Kheirabadi K., Haddadzadeh H., Razzaghi-Abyaneh M., Zare R., Ranjbar-bahadori Sh., Nabian S., Rezaeian M. Estudo preliminar sobre a virulência de alguns isolados de fungos entomopatogénicos em diferentes fases de desenvolvimento de *Boophilus annulatus* no Irão // J. Vet. Res. - 2007. - V. 62. - P. 113-118.

133. Pourseyed S.H., Tavassoli M., Bernousi I., Mardani K. Metarhizium anisopliae (*Ascomycota: Hypocreales*): uma alternativa eficaz aos acaricidas químicos contra diferentes fases de desenvolvimento da carraça das galinhas *Argas persicus* (Akari: Argasidae) // Vet. Parasitol, 2010. Val. 20. №172 (3 - 4). - P. 305 - 310.

134. Rajput Z.I., Song-hua Hu, Wan-jun Chen, Arijo A.G., Chen-wen Xiao. A importância das carraças e do seu controlo químico e imunológico na criação de animais // J. Zhejiang Univ. Sci B. - 2006. - V. 7(11). - P. 912-921.

135. Ramadan M.Y. Estudos acaricidas e imunológicos sobre a carraça das galinhas *A. persicus*, que infecta bandos de galinhas comerciais // Third. Inter. Sci. Conf. - 2009, Benha & Ras Sudr, Egipto Fac. Vet Med. (Moshtohor), Benha Unuv. - P. 409-412.

136. Ramamoorthi N., Narasimhan S., Pal U., Bao F., Yang X.F. et al. O agente da doença de Lyme explora uma proteína da carraça para infetar o hospedeiro mamífero // Nature. - 2005. - V. 436. - P. 573-577.

137. Regassa A. A utilização de preparações à base de plantas para o controlo de carraças na Etiópia ocidental // J. S. S. Afr. Vet. Assoc. - 2000. - V. 71(4). - P. 240-243.

138. Rezaie A.R. Kinetics of fator Xa inhibition by recombinant tick anticoagulant peptide: both the active centre and exoskeletal interactions are required for a slow, tight-binding inhibition mechanism // Biochem. - 2004. - V. 43. - P. 33683375.

139. Ribeiro J.M., Francischetti I.M. Role of arthropod saliva in blood feeding: Sialome and post-sialome perspectives // Ann. Rev. Entomol. - 2002. - V. 19. - P. 19.

140. Ribeiro J.M., Francischetti I.M. Role of arthropod saliva in blood feeding: sialome and postsialome perspectives // Annu Rev Entomol, 2003.- V. 48. - P. 7388.

141. Ribeiro V.L., Toigo E., Bordignon S.A., Goncalves K., von Poser G., Acaricidal properties of extracts from the aerial parts of *Hypericum polyanthemum* on the cattle tick *Boophilus microplus* // Vet. Parasitol. - 2007. - V. 147(1-2). - P. 199203.

142. Rolla G. Alergia à carraça do pombo (*A. reflexus*): Identificação de componentes específicos de ligação à IgE // Inter. Arch. Aller. Immunol. - 2004. - V. 135. - P. 293-295.

143. [th]Salum M.R., Mtambuki A., Mulangila R.C. Designing a vaccination regime to control Newcastle disease in village chickens in the Southern zone of Tanzania // In : Proceedings of the joint 17th Scientific Conf. [th]Tanzania Soc. Animal Production e da 20ª Conf. Científica de Tansania Veter. Tansania Veter. Assoc. Arusha (Tanzânia). - 2002. - P. 299-305.

144. Samish M., Alekseev E.A. Arthropods as predators of ticks (Ixodoidea) // J. f Med. f Entomol. Entomol. - 2001. - V. 38. - P. 1-11.

145. Samish M., Ginsberg H., Glazer I. Controlo biológico das carraças // Parasitol - 2004. - V. 129. - P. 389 - 403.

146. Samish M., Glazer I. Nemátodos entomopatogénicos para o biocontrolo de carraças // Trends in Parasitol. - 2001. - V. 17 - P. 368-371.

147. Sauer J.R., Essenberg R.C., Bowman A.S. Salivary glands in ixodid ticks: control and mechanism of secretion // J. Insect Physiol. - 2000. - V. 46. - P. 10691078.

148. Cygne T.G., Policastro P.F., Miller Z., Thompson R.L., Damrow T., Keirans J.E.. Febre recorrente transmitida por carraças causada por *Borrelia hermsii*, Montana // EID Journal. - 2003. - V. 9(9).- P. 223-225/

149. Sewify G.H., Habib S.M. Biological control of the *Argas persic* fly *A. persicus* by the entomopathogenic fungi *Beauvaria bassiana* and *Metarhizium anisopliae* // Sci. 2001. - V. 74. - P. 121-123.

150. Shah A.H., Khan M.N., Iqbal Z., Safid M.S., Akhtar M.S. Alguns aspectos epidemiológicos e o papel de vetor da infestação por carraças em poedeiras no distrito de Faisalabad (Paquistão) // World's Poultry Scien. J. - 2006. - V. 62. - P. 145-157.

151. Shah A.H., Khan M.N., Iqbal Z., Sajid M.S. Tick Infestation in Poultry // Inter. J. Agriculture & Biology. - 2004. - V. 6. - P. 1162-1165.

152. Simons S.M., Junior P.L., Faria F., Batista I., Barros-Battesti D.M., Labruna M.B., Chudzinski-Tavassi A.M. A ação da saliva do carrapato *Amblyomma* cajennense em compostos do sistema hemostático e citotoxicidade em linhagens celulares tumorais // Biomed. Pharmacother. - 2011. - V. 65(6). - P. 443-50.

153. Soltys J., Kusner L.L., Young A., Richmonds C., Hatala D., Gong B., Shanmugavel V., Kaminski H.J.. Um novo inibidor do complemento limita a gravidade da miastenia gravis experimental // Ann. Neurol. - 2009. - V. 65(1). - P. 67-75.

154. Spiewak R., Lundberg M., Gunnar S., Johansson O., Buczek A. Allergy to pigeon ticks (*A. reflexus*) in Upper Silesia, Poland // Ann. Agric. Environ. Med. 2006. - V. 13(1). - P. 107-112.

155. Stoll P., Bassler N., Hagemeyer C.E., Eisenhardt S.U., Chen Y.C. et al. A seleção de locais de ligação induzidos por ligandos na GPIIb/IIIa através de um anticorpo de cadeia única permite uma anticoagulação eficaz sem prolongamento do tempo de hemorragia // Arterioscler Thromb. Vasc. Biol. 2007 - V. 27 - P. 1206-1212.

156. Tavassoli M., Ownag A., Meamari R., Rahmani S., Mardani K., Butt T.. Avaliação laboratorial de três estirpes do fungo entomopatogénico Metarhizium anisopliae para o controlo de *Hyalomma anatolicum anatolicum* e *Haemaphysalis punctata* // Int. J. Vet. Res. - 2009. - V. 3,1. - P. 11-15.

157. Telmadarehei Z., Vatandoust H., Rafinezhad J., Mohebali M., Tavakouli M., Abdi Goudarzi M., Faezeh F., Mandana A.A., Zareei Z.A., Jedari M., Mohtarami F., Azam Solgi A., Salarilak Sh., Mahdi E.R.. Abundância de carraças Ixodidae e Argasidae e avaliação da sua sensibilidade à cipermetrina em Meshkinshahr // J. Ardabil univer. Ardabil univer. Med. Scien. (JAUMS). - 2009. - V. 9 (2 (32)). - P. 127-133.

158. Telmadarrehei Z., Nasirian H., Vatandoost H., Abuolhassani M., Tavakoli M., Zarei Z., Banafshi O., Rafinejad J., Salarielac S., Faghi F.. Comparative susceptibility of cypermethrin in field populations *of Ornithodoros lahorensis* Neuman and *A. persicus Oken* (Acari: Argasidae) // Pakistan J. Biol. Scien. - 2007. - V. 10. - P. 4315-4318.

159. Thembo M.K., Magano S.R., Shai L.J., The effects of aqueous root extract of Senna italica subsp. arachoides on the feeding performance of *Hyalomma marginatum* rufipes adults // African J. Biotechnol. - 2010. - V. 9(7). - P. 10681073.

160. Tolleson D.R., Teel P.D., Stuth J.W., Strey O.F., Welsh T.H., Carstens G.E., Faecal NIRS: deteção de infestação por carraças em bovinos e cavalos // Vet. Parasitol. - 2007. - V. 144. - P. 146-152.

161. Tomalski M.D., Kutney R., Bruce W.A., Brown M.R., Blum P.S., Travis I. Purificação e caraterização de toxinas de insectos derivadas da traça Pyemotes tritici // Toxicon.-1989. - V. 27(10). - P. 1151-1167.

162. Tu A.T., Motoyashaki T., Azimov D.A. Bioactive compounds in tick and mite venoms (saliva) // Toxin Rev. - 2005. - V. 2. - P. 143-174.

163. Umrkulova S. Kh., Mirzayeva A. U., Akramova F. Ecological and faunistic researching of ticks of the Amblyomminae [Acari: Parasitiformes, Ixodidae] in Uzbekistan // The Eighth International Conference on European scientific development. Áustria. Viena, 2016 - V. 2 - P. 10 - 11.

164. Vandier J.Y. Le Guennec, Bedfer G. Que vias de sinalização utiliza a noradrenalina para contrair a artéria? Uma demonstração utilizando segmentos do anel aórtico da cobaia // Adv. Physiol. Educ. 2002. - V. 26. - P. 195-203.

165. Viljoen G.I., Bezuidenhout J.D., Oberem R.T., Vermeulen N.J., Visser L., Gothet R., Netz A.W.. Isolamento de uma neurotoxina das glândulas salivares de Rhicephalus evertsi fêmea // J. Parasitol. Parasitol. - 1986. - V. 72(6). - P. 865-874.

166. Waxman L. Tick anticoagulant peptide (TAP) is a novel inhibitor of blood coagulation fator Xa // Science, 1990. - V. 248. - P.593-596.

167. Waxman L., Connolly T. M. Isolamento de um inibidor seletivo da agregação plaquetária estimulada pelo colagénio na carraça *Ornithodoros moubata* // J. Biol. Biol. Chem. 1993. - V. 268. - P. 5445-5449.

168. Williams L.D., Acaricidal activity of five marine algae extracts on female *Boophilus microplus* (Acari: Ixodidae) Florida // Entomol. - 1991. - V. 74(3). - P. 404-408.

169. Wutzler P., Sauerbrei A. Atividade virucida do novo desinfetante Ácido Monopercítico // Letters in Applied Microbiology. - 2004. - V. 39. - P. 194-198.

170. Zingali R.B., Jandrot-Perrus M., Guillin M.C., Bothrojaraein B.C., Um novo inibidor de trombina isolado do veneno de *Bothrops jamraca*: caraterização e mecanismo de inibição da trombina // Biochem. - 1993. - V. 10794-802.

I want morebooks!

Buy your books fast and straightforward online - at one of world's fastest growing online book stores! Environmentally sound due to Print-on-Demand technologies.

Buy your books online at
www.morebooks.shop

Compre os seus livros mais rápido e diretamente na internet, em uma das livrarias on-line com o maior crescimento no mundo! Produção que protege o meio ambiente através das tecnologias de impressão sob demanda.

Compre os seus livros on-line em
www.morebooks.shop

Printed by Books on Demand GmbH, Norderstedt / Germany